西村幸夫

都市から学んだ10のこと

まちづくりの若き仲間たちへ

学芸出版社

はじめに

　このところまちづくりやリノベーションといったテーマに関心を抱く若い人たちが増えてきていることを心強く思います。背景には、低成長時代におけるフローからストックへの関心の変化があります。こうした変化はより大きな文化のかたちが変化していることのひとつのあらわれなのでしょうか。また、世の中の役に立っているという実感を得ることが、自分探しの旅の中で重要な位置を占めてきているということもあるのでしょう。あるいは、たんに歴史の手あかがついたもののほうが若い人たちには新鮮で、意味深いものとして感じられるようになってきたのかもしれません。

　しかし、まちを相手にするということは、じっさいは何を相手にすればよいのか、なかなか実感が伴わないことも事実です。ソフトにしてもハードにしても、具体のものづくりでは対象があきらかですし、ボランティアにしても、対象が明確なので、相手の顔も浮かびやすく、やりがいも増すというものです。

　ところが、まちづくりにはこうした明確な対象が最初からあるわけではありません。状況によってやるべきことも変化し、あらかじめどのような準備が必要なのかもはっきりしていません。まちの変化にはおわりがないので、どこまでやったらやったことになるのかも分かりにくい原因のひとつです。ボランティアにおわることなく、まちづくりをもとにして収入を得ていくための筋道も、あらかじめ見えているわけではありません。いかにテクノロジーが発達した世の中になったとしても、これだけは検索すればどこかに答えが見つかるという性格のものではないのです。

身近な小空間のリノベーションやスモールアーバンスペースの改善などのプロジェクトのなかに、まちづくりの実感を得る人がおおくなってきているのもうなずけるところです。都市と向き合うというよりも、地区やさらに小規模な場所と向き合うという姿勢です。

わたし自身、そのようなことをやってきたこともあって、その気持ちはよくわかります。

しかし、ながらく地域や地元コミュニティと向き合ってきたなかで、そうした活動自体が、大きな都市のダイナミズムのうちに包み込まれるようにして存在しているのだという気持ちになってきました。都市が置かれた歴史的経緯や地形や気候などが生み出す個性、そこではぐくまれた地域性や地域コミュニティの特色が、ひとつの「構想力」として、都市にさまざまな空間変容をもたらし、おおきな潮流となって、わたしたち自身をも導いているのです。

――これが都市と向き合うということの本質ではないでしょうか。

わたし自身、長年、都市を相手に学び続けてきたわけですが、まちづくりの「王道」や「手引き書」といったものはいまだに見えてきてはいません。おそらく、まちづくりには回答がひとつに定まるような「正解」というものはないのです。そうではなくて、まちづくりにアプローチする姿勢にこそ大切な共通点があるということを感じるようになりました。

この本は、わたしが長い間、都市を対象に仕事をしてきて、都市から学んだことを10の要点にまとめてみたものです。振り返ってみると、これはわたし自身がどのように都市と向き合ってきたかの現時点での決算報告のようなものです。こうした作業が、これからのまちづくりのために参考になればという思いが、書き進める原動力となりました。

この本は、教科書ではありません。ましてや回顧録のようなものではまったくありません。

この本は、わたしが都市から学んできたこと、そしてこれからも学んでいくであろうことを通して、読者のみなさんに、都市と向き合うとはどのようなことなのかということについて、ひとつの先例を示そうとしたものです。そのことを通して、みなさんが、都市に、そしてまちづくりに向き合う時の考え方に関して、何らか参考になればと思います。できればいい例でありたいのですが、対象とする都市も、その置かれた状況もさまざまですし、都市と向かい合うこちら側の立場もそれぞれ異なっているでしょうから、必ずしも参考になるかどうか、自信があるわけではありません。

ただ、こうした想いを持って都市と向き合うということは、場所や時間を超えたある種の共通性を持っていると思います。したがって、その点ではなんらかのお役に立つのではないかと思います。

なお、この本では、「まち」や「地域」とは言わずに、おもに「都市」という言葉を使っています。深い意味があるわけではありませんが、「まち」や「地域」というとコミュニティなどのソフトなことも対象に含める場合が多いので、本書で扱うおもに空間を対象としたテーマと区別するために、あえて「都市」という言葉を用いました。したがって、この本で言う「都市」には小集落や都市の一部である地区なども含まれます。

では、しばらく、都市と向き合う旅にお付き合い願いたいと思います。どのような現場で都市からの学びが得られたのかも実感していただけるかもしれません。個人的な経験という限界がありますので、どこまで具体的な事例が一般化できるのかは確かではありません。その点はお許しください。

読者の皆さんと一緒に、まちづくりの旅に出たいと思います。

もうひとつ、都市から学んだ重要なこととして、都市空間の多様な意匠の魅力ということがあります。まちに対する愛着のきっかけとして、自分のまちにあるちょっとしたまちかどや小広場、坂道などの小空間、あるいは水辺の風景やひとびとが集う情景など、魅力的な都市の風景の再発見というものがありえます。もしくは、この大切な風景がなくなるという危機感や、こんな空間が自分のまちにもほしいと願う気持ちがまちづくりにひとつの明確な目標を与えることになります。

こればかりは言葉では表現しづらいので、写真で紹介することにしたいと思います。都市をどう読み取り、その個性と魅力をどのように将来世代に引き継ぐかということを考える際に、カメラでとらえたこれらの情景が、はっきりとした手がかりを与えてくれるのではないかと思います。いわば、写真でとらえることができた都市空間の手がかり集です。都市の空間を三叉路や水景などいくつかの特徴別に紹介しようと思います。

本文でも触れているように、日本に限らず世界のどこの町並みでも、心に響く風景というものはいずれも多様性と調和という相反する価値を同時に実現しているものなのですが、それを写真で示したいと思います。

写真はすべてわたし自身が撮りためてきたものです。一部に古い写真も含まれていますので、現在の状況とは異なっているかもしれません。空間のしつらえの多様な豊かさを示すのが目的ですので、現況と異なっていたとしても、それで写真の価値が減殺されることはないと考え、掲載することにしました。

掲載にあたって撮影した都市と地区や通り名、そして撮影年を付しています。また、通りの写真はなるべく意図的な構図を避け、街路空間の全体像が分かるように、街路の中央から撮ったものを中心に選びました。各章のタイトルと写真のテーマは緩やかに関連してはいますが、必ずしも一対一に対応しているわけではありません。

写真を見比べることで、都市がいかにイマジネーションに満ちたものなのかを感じ取ってもらえるのではないかと思います。魅力的な都市空間に通底している、道と建物と土地の広がりの中に展開される生活の息吹き、そしてその多様さを感じていただければと思います。

目次

都市に住む人について

都市を学ぶ人へ

写真で見る都市空間の構想力

少し長めのまえがき

都市から学ぶということにいかにたどり着いたか

目抜き通りの街路風景

1 仙台市定禅寺通（2015.04）

2 山形市七日町通り（2015.07）

3 長野市大門町（2012.04）

これから、まちづくりを目指すひとのために、わたしが経験したことからすくなくとも確実に言えるとわたしが感得した、都市に関する10の要点について述べていきたいと思います。ただ、どうしてそのような10の考えを得るに至ったのかの背景をまず語っておいたほうが、若い読者のみなさんの理解がよりよく進むのではないかと考え、10の「教え」の誕生に密接にかかわることになるわたしの若いころの活動について簡単に振り返って、序説としたいと思います。

いかに「都市から学ぶ」ということにたどり着いたかの経緯についての少し長めのまえがきです。したがって、10の要点の具体的な内容そのものに関心のある方は、この部分は読み飛ばしていただいて結構です。

東京大学都市工学科のこと

二〇一八年三月に、三〇年ほど教師を務めた東京大学都市工学科を定年で退職しました。同年四月からは神戸芸術工科大学でひきつづき教鞭をとっていますので、現役を引退したわけではありませんが、良い区切りなので、都市から学んだ半生を振り返ってみたいと思います。

小さいころから理科系の学問分野を漠然と思い描いていたのですが、

街路風景

街路は street の訳語。舗装された道と両側に建つ建物群からできたまさしく街なかの道空間のことを意味している。沿道に建っている建物も街路空間の一部。その寄与のしかたも、地形や道路の形状、沿道建物の形や密度、個々の建物の意匠など、都市ごとに違いがある。それが都市の個性となって表れることになる。大通りや目抜き通りから小径や横丁まで、街路の表情もじつに多様だ。そこには蓄積されたまちづくりの歴史の物語がある。

目抜き通りの街路風景

はじめに県都の代表的な街路風景を採り上げる。いずれも都市のイメージを造り出している重要な目抜き通りの風景である。しかし、そこには他の県都にはないそれぞれの都市の個性も感じられる。

1 仙台市定禅寺通（15・04）
杜の都仙台を代表する目抜き通り。戦災復興土地区画整理事業によって、東西軸

一九六九年、高校一年の冬に、東大安田講堂を占拠するいわゆる東大紛争が起き、東大入試が中止されたのです。その時、医学部と並んで「闘争」がもっとも激しかったところのひとつとして工学部の都市工学科があったことから、都市工学科に関心を持つようになりました。高校に入ると、徐々に社会問題にも関心を持つようになり、理系と文系との中間領域のような学問に惹かれたということもあります。都市問題を扱う都市工学という学問の性格自体が「闘争」を激化させていったのではないかと思い、関心を高めたのです。

東大理科一類に入学後、第一希望だった都市工学科都市計画コースに進学したのですが、いざ教室で講義を受けてみると、興味よりも違和感のほうが先に立ってしまいました。

わたしが都市工学科に進学した一九七三年当時、当然のことながら、教師陣は戦後復興期に教育を受け、高度成長期に社会で活躍した方々でした。人格的にも信頼のおける立派な先生方が多かったのですが、学問の領域自体が、都市問題をいかに効果的に解決するかを目指している印象が強く、なかなかなじめないのです。

当時、主流となっていた都市問題は、たとえば、狭小な木賃住宅の密集という住環境の改善、道路・下水道などのインフラ整備、通勤ラッシ

の最大の幹線として幅員四六mで整備された。中央に幅一〇mの植樹帯を持つ。南北軸である東二番丁通とともに十文字に仙台のまちを切り開いている。

2山形市七日町通り（15・07）
かつての羽州街道の南北路。北を見る。正面に旧県庁舎である文翔館が見える。山形県の初代県令だった三島通庸によって構想された、近代都市のガバナンスを描き出した目抜き通りの街路風景。

3長野市大門町（12・04）
善光寺に向かって参道を北上すると、次第に勾配がついた街路となり、最後に仁王門前の大門町に至る。このあたりはもっとも門前町の色彩が濃い。北国街道の道筋でもある。

4 奈良市登大路（2015.03）

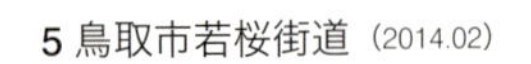

5 鳥取市若桜街道（2014.02）

6 徳島市新町橋通り（2015.03）

7 福岡市明治通り（2013.03）

ュの解消、大気汚染や水質汚濁の問題など、いずれも深刻な問題ではありましたが、それ以外の問題、すなわち当たり前の（それほど都市問題が深刻でない）住宅地や商店街のコミュニティことは、まったく無視ではないにしても、ほとんどスルーされていましたし、お城や寺院などまちの歴史的拠点となっていたような場所は、文化財の問題であって都市計画の対象とはほとんど考えられていませんでした。

もちろん、魅力的な都市空間を新たに提案していこうという動きはありましたが、それとても、まったくピカピカの新規の都市空間をデザインするという姿勢が普通でしたので、あたり前の都市生活や都市の歴史はほとんど対象とはなっていませんでした。

たとえば、城山は城下町建設当時の町割りにおいては計画立案のスタートであったはずですが、現代の都市計画においては、ほとんどの場合、白地か市街化調整地区とされ、よくて都市公園として位置づけられているに過ぎないのです。そこには都市が本来持っていたはずの構造に対する計画上の配慮、あるいは都市の記憶に対する敬意というものはほとんど感じられません。

地域コミュニティが無視されるという問題はさらに深刻でした。都心では再開発が喧伝され、郊外には大規模ニュータウンを建設することが

4奈良市登大路（15・03）
奈良を東西に横断する幹線。西を見る。西側の大宮通りから続いて、旧興福寺の境内地に入ると、地盤面が高くなり、道も拡幅時の経緯から、やや折れ曲がりながら、上り坂となって続いている。

5鳥取市若桜街道（14・02）
鳥取駅と久松山麓の鳥取県庁舎とを結ぶ昭和の都市軸である若桜街道沿いの街路景観。北東を見る。一九五二年の鳥取大火後に制定された耐火建築促進法の適用第一号の防火路線帯。アールデコの街路風景が続いている。

6徳島市新町橋通り（15・03）
徳島駅前から南西に延びる駅前大通り。南西を見る。正面右よりの山は眉山。かつての建物疎開による疎開道路が戦後の目抜き通りとなった例。

7福岡市明治通り（13・03）
古代の湊町を源流に持つ博多と近世城下町福岡とを貫く東西の幹線。明治末年に建設された。かつての県庁舎（現アクロス）前の道を東側に延伸し、まったく道

都市問題の最も有効な解決策だと考えられていたので、これまで営々と受け継がれてきた伝統的な都市のコミュニティはまさに蹂躙という言葉があてはまるような厳しい状況でした。地域開発は、都市の歴史には目もくれず、眼下の都市問題の解決のために邁進していたのでした。

たしかに日々報道されている都市問題にいかに対処するかということは喫緊の課題ではありましたが、百人が百人ともその解決策に没頭して、都市の記憶といった問題をないがしろにすることはけっしていいことではない、というのが当時のわたしの感じた違和感です。

さらに言うと、都市問題を解決するための施策がまた別の問題を発生させるかもしれないのですが、この点に関して、当時、最前線でこうした問題を扱っている専門家はそれほど自覚的であるようには見えませんでした。もちろん、専門家としての使命感もあったでしょうし、矜持もあったでしょうが、ようやく専門分野のとば口についたばかりの学生にとっては、傲慢とまでは言わないにしても、弱き者や小さき者が大切にされていないような印象を持ったものでした。

時流の大勢というものに竿を指したくなるというわたしのやや反抗的な性格もあるのかもしれませんが、マイナーとみなされていたからこそ、だれかが傍に立っていなければ都市の記憶は時代から抹消されてしまう

のないところに目抜き通りを造った珍しい例。

10 宇都宮市大通り（2009.12）

8 前橋市本町通り（2016.04）

11 那覇市国際通り（2015.08）

9 静岡市呉服町通り（2011.11）

14 高知市追手筋（2012.11）

12 札幌市札幌駅前通（2015.04）

15 宮崎市県庁楠並木通り（2018.06）

13 名古屋市桜通（2017.11）

のではないかということも気になりました。
一介の学生が心配したとしても時代の奔流が変わるようなことはないことは明らかなのですが、都市工学科の講義に感じる違和感から、大学の講義にもほとんど出ないようになり、わたしは学科のなかでは落ちこぼれ的な存在となってしまいました。おのずとわたしの目は大学の外へ注がれることになっていきます。

歴史的町並みとの出会い

「都市問題を解決するだけのための都市計画でいいのか」という大きな疑問を抱きつつ、悶々とした日々を経て、なんとか大学院に進学できたのは一九七七年四月のことでした。同級生より二年遅い進学でした。所属したのは大谷幸夫教授が率いる都市設計研究室（現都市デザイン研究室、当時は大谷研と呼ばれていました）でした。
なぜ大谷研を選んだのかというとそれは明快でした。大谷幸夫先生ならば、わたしの感じている違和感を理解してくれるに違いない、ということです。大谷先生の五〇歳代の主要著書のひとつに『空地（くうち）の思想』（北斗出版、一九七九年）があります。ここでいう「空地」とは、建築家は

8前橋市本町通り（16・04）
利根川の河岸段丘上のエッジを走る古くからの街道筋が城下町に取り込まれた通り。現在は国道五〇号線でもあり、広域の都市間幹線でもある。西を見る。

9静岡市呉服町通り（11・11）
静岡の目抜き通りは、江戸時代からの東海道そのもの。道幅もかつてとそれほど変わっていない。一方、両側の建物は戦後の防火路線帯として、三階建ての耐火建築物の連続建てが続く。

10宇都宮市大通り（09・12）
宇都宮駅前の広場から西に延びる大通りを見る。かつての奥州街道を大胆に拡幅して、近代の東西軸としたのは、栃木から宇都宮に県庁を移した三島通庸県令の構想による。

11那覇市国際通り（15・08）
那覇のみならず、沖縄を代表する目抜き通り。西端の県庁前から東を見る。ここから国際通りがはじまる。一九三四年の建設当初は、県庁舎と首里とを結ぶ目立たない直線路に過ぎなかった。

すべての空間をデザインできると傲慢に考えてはいけない、将来世代のために空地を遺しておくような謙虚さを持たなければならない、という考えのもとに大谷先生が提唱した、将来世代のために遺しておくべき余地といったもののことです。自らの立ち位置をこのように広い視点から、かつ謙虚に見ることのできる先生だったので、信頼を寄せることができたのです。

そして、大谷研に所属してそのことは間違いではなかったということを悟るのにそれほど時間はかかりませんでした。

だいいち、大谷先生はわたしにもそしてほかのだれに対しても、あれをしなさいやこれをいつまでに仕上げなさい、といったことはまったく指示されなかったからです。悪く言えばほったらかしですが、わたしはこれを「優しい放任主義」だと思って感謝しています。なぜなら、放任した結果に対して大谷先生はきちんと責任を取ることをされたからです。

のちに学生を指導する身となって、こうした優しい放任主義が、じつはなかなか難しいということを知るのです。親切心からにしても、教育者としての責任という観点からも、学生になにかと介入してしまい、学生が自分で悩み、解決する力をはぐくむことを結果としてさまたげてしまう、ということは往々にして起こるのです。

12札幌市札幌駅前通（15・04）
札幌駅前を出て南を見る。西四丁目の通り、当初は小樽通と呼ばれていた。札幌駅がこの通りの北の突き当たりに建設されたことから、大通公園と直交する目抜き通りとなった。

13名古屋市桜通（17・11）
名古屋駅の移転（一九三七年）にともない、駅前通りとして造られた。東西の基軸である。戦後に幅員五〇メートルに拡げられた。

14高知市追手筋（12・11）
戦災復興計画によって造られた戦後の街路。高知城に向かって東から西に延びていた江戸時代の幹線を延伸することによって近代の都市軸を生み出している。帯屋町のアーケード街に並行している。

15宮崎市県庁楠並木通り（18・06）
クスノキの大木が生い茂る県庁舎前の通り。東を見る。並木に隠れているが、左手奥に県庁舎が建っている。一八七〇年代に県庁舎の建設と同時に造成された。宮崎で最初に造られた近代の道。

店舗が造り出す街路風景

16 山形市七日町一番街（2015.07）

17 川越市クレアモール（2017.04）

18 大阪市法善寺横町（2011.01）

19 長崎市新地中華街（2010.06）

他方、自分の仕事が忙しくなると、放任主義がたんなる「ほったらかし」になってしまうこともままあります。学生に対する責任の放棄です。これは優しくありません。

また、こうした「優しい放任主義」の結果、未熟な配慮で学生が問題を起こしたような場合に、指導者である教師がしっかりと対処し、責任を取るという覚悟でいるということは、けっこう肝の据わった態度なのです。

教師が自分の関心に沿って学生を誘導したり、手柄を立てたいという功名心のために研究組織を動かしたりするということは論外だとしても、たとえ学生のためを思っていたとしても、遠くから優しく見守る、ということはじつはかなり難しいものなのだということを、わたしはのちに知ることになりましたが、もちろん当時は、自分のことで精いっぱいだったため、大谷先生の勇気を持った配慮というものにまでは思い至りませんでした。

大谷研究室に入ってしばらくして、歴史的環境保全に関して、都市計画として何ができるかを検討するために建設省内に検討会ができたので、その作業部隊として、奈良県橿原市今井町を対象にケーススタディに研究室でチームを組織して行くことになりました。一九七七年から始まっ

店舗が造り出す街路風景

店舗の表情と賑わいとが一体となって造り出される街路の風景。店舗がどのようにまちとかかわろうとしているのかを如実に示している。都市空間が店舗の活力とともにある空間であることが実感できる。

16山形市七日町一番街 (15・07)
目抜き通りである七日町から仙台へ向かう笹谷街道の山形側の出発点。東を見る。古くからの街道筋が現代のモールとして再生している好例。

17川越市クレアモール (17・04)
川越駅と一番街を結ぶ一kmを超す長い通り。人通りが絶えない。蔵造りの町並みの再生が商店街の活力保持にもつながった例。北を見る。この先に一番街の蔵造りの町並みがある。

18大阪市法善寺横町 (11・01)
二〇〇二年、二〇〇三年と続けて火災に遭い、その復興に際して、復員二・七mのまま不燃化して再生された横丁。西の入口を入ったところから、東を見る。

た建設省の国土総合開発事業費による歴史的環境保存市街地整備計画策定調査というもので、関東関西の複数の大学が参加する大掛かりな調査でした。当時の研究室の大谷教授も渡邉定夫助教授もこのプロジェクトにはかかわっておられました。

この作業に大学院生として、研究室のチームとして参加していく中で、学部時代に一貫して感じ続けてきた都市計画への違和感というものは、一挙に吹っ飛ぶことになりました。

わたしたちのチームは、大阪市立大学の福田晴虔(せいけん)助教授（当時）の指導を得ながら、今井町の町家の空間構造と寺内町としての今井の集落構造との関係などを現地踏査を繰り返して、調べていきました。大谷研のチームリーダー格の福川裕一さん（当時は都市工学専攻の博士課程在籍、現千葉大学名誉教授）が、すでにこの調査の数年前に、奈良町の三新屋町内を対象に町家が連続する空間システムに関する研究をまとめていたところだったので（トヨタ財団報告書）、その発展系としての調査でもありました。

この調査に参加して、わたし自身ふたつのおおきな発見がありました。

ひとつは、町家という都市型住宅の日本における典型例を実体験することによって、都市とそこに建つべき住宅のスタイルのあり方について、

19長崎市新地中華街（10・06）
一八世紀に入って埋め立てられた新地蔵の地区が幕末の開港以降に中華街となった。現在は周囲も埋め立てられたが、市街地内部の十文字街路の部分が門で明確に区切られている。南北路の北側から南を見る。

繁華街の街路風景

20 東京都新宿区歌舞伎町（2016.04）

21 大阪市中央区道頓堀（2018.04）

24 東京都渋谷区原宿（2015.04）

22 東京都中央区銀座（2008.03）

25 京都市東山区松原通（2018.06）

23 東京都新宿区神楽坂（2013.02）

心底理解できたことです。

町家には中庭がありますが、この外部空間の存在によって、方位に依存することなく、日照や採光、通風などの住宅の環境を一定に保つことに貢献しているのみならず、中庭に対して開くことによって、逆に、敷地の外側や街路に対して閉じることを可能としています。

町家は前面道路に対して閉じることが可能なために、塀を持たず、建物の壁面が直接街路に接するように建つという都市型住宅のひとつの単位となりえているのです。

都市型住宅の単位としての町家が街路に並ぶことによっていわゆる町並みが形成されることになります。それぞれの町家はうなぎの寝床のように間口が狭く、奥行きの深い敷地に接して建っているわけですが、各戸の敷地間口も一定の幅の中に分布しており、決して一定というわけではありません。町家のファサードにしても、屋根や庇、引き戸や窓、壁や格子といった構成要素は共通しているものの、けっして同一のファサードが連続しているわけではありません。

ひとつひとつの町家の意匠は、少しずつ異なりながら、しかし、全体として見ると町並みそのものは一定の調和を保っているのです。ここに「多様性と調和の同時的実現」という都市型住宅の神髄が実現している

繁華街の街路風景
大都市の繁華街には人の息づかいの圧倒的なエネルギーがあふれている。街路空間が三次元のうつわとして人々の多様な動きを受け止めていることが実感できる。

20東京都新宿区歌舞伎町（16・04）
高密度の歓楽街の街路風景。ゴジラが屋上からせり出しているような建物が建てられたことから、近年ゴジラロードと名付けられた。戦災復興の土地区画整理によって突き当りを持つ街区が形成されたことがこうした風景の出発点となっている。

21大阪市中央区道頓堀（18・04）
大阪ミナミを代表する繁華街。道頓堀川にかかる戎橋南詰めから少し東に行ったところから西を見る。飲食店が中心であることから、他所にはない雰囲気を醸し出している。

22東京都中央区銀座（08・03）
日曜日の歩行者天国の際の銀座。一八七二年の大火後に行われた煉瓦街への改造、その後の震災復興の土地区画整理を経て、

ということに気づいたのです。今日、歴史的町並みと呼ばれているものに巡り合った瞬間でした。

また、「町並み」という日本固有の表現自体に、建物が複数連続して、かつ街路空間を形成しているということが含まれています。ある意味で、都市デザインのエッセンスとでも言える発想を、簡潔で日常的に表現することのできる言葉が日本語にはあるのです。つまり、日本人は街路空間のある状態をひとつの感性で切り取って表現する視点を本来的に持ち合わせていたのです。

他方、近代以降の日本を振り返ると、町家に匹敵するような都市型住宅を造りえなかったということに、反省とともに思い至ったのです。たしかに、日本の近代は、庭付き一戸建てという武家住宅に起源を持つ住宅様式や公団アパートやタワーマンションといった集合住宅のプロトタイプを生み出しては来ましたが、これらはいずれも建ち並ぶことによって多様性と調和とを同時に実現した街路景観を達成しているとは、つまりひとつの「町並み」を形成しているとは言いがたいのです。これらの住宅タイプは郊外型ではあっても、都市型とは言えないのです。

これに対して町家は低層ですが、高密度を実現しています。同時にひとつひとつの建物が街路空間のユニットとして街路空間形成に寄与して

現代都市の目抜き通りへとおおきく変貌してきた。子細に見ると、細かいピッチで刻まれる敷地間口で構成される建物ファサード、連続する壁面など、この通りの街路景観の個性を見ることができる。

23 東京都新宿区神楽坂（13・02）
主として武家地が明治以降、細分化され、それが細街路を造り出し、結果的に神楽坂の魅力を生み出した。神楽坂の個性は、主として明治以降に形成されたもの。

24 東京都渋谷区原宿（15・04）
JR原宿駅前の竹下通り入り口。東を望む。竹下通りの下り坂を見る格好の撮影ポイントとなっている。かつて住宅地だった頃の密度感が商店街に身近さを与えている。

25 京都市東山区松原通（18・06）
清水寺の門前に至る参道の坂道。東を見る。産寧坂にほど近いところ。二年坂を経て円山公園に至る道すじは観光客が絶えない。

オフィス街の街路風景

26 東京都千代田区丸の内（2014.09）

29 岡山市市役所筋（2013.09）

27 大阪市御堂筋（2012.05）

30 大分市中央通り（2011.10）

28 大津市県庁前交差点（2016.03）

いるのです。
もちろん町家が創り出す町並みにも防災上の危険性や自動車交通に対応していないなどの問題点はあります。これらの問題を解決しつつ、同時に町家が持っているような多様性と調和の同時的な達成を可能にするような、中層高密の住宅地は造れないのか、というのが当時のわたしたちの問題意識でした。
もうひとつの発見は、チームでの作業によって、個々人の思考や可能性の限界を超えることができる、ということでした。一＋一は二以上になれる、ということです。仲間がいるということは本当に心強いものです。都市計画に対する違和感をひとりで背負い込む必要もなくなったのです。これ以降、わたしはチーム作業に邁進するようになりました。当時、研究仲間に恵まれたことにも感謝しなければなりません。
これらふたつの発見によって、わたしは当時の都市計画や都市計画教育に感じていた違和感を一挙に払拭することができたのです。わたしたちは、わたしたちの時代の都市型住宅というものを確立する必要があること、歴史的町並みはその有力な手がかりをわたしたちに与えてくれることを知ったのでした。

オフィス街の街路風景
オフィス建築はユニバーサルなものではあるが、建物の形態や密度、道路の幅員や街路パターンの相違などの条件によって、生起される街路の風景はそれぞれに固有なものとなる。

26東京都千代田区丸の内（14・09）
仲通りの北端から南を見る。もともとは一八八九年の市区改正の設計案によって構想された道路だった。三菱によって造成され、のち一九五九年からの敷地統合の際に現在の幅員に拡幅された。さらに下って一九九〇年代後半から現在に見られるような、広い歩道を持ち、足もとにショップの入るオフィス街として整備された。

27大阪市御堂筋（12・05）
高麗橋通りのあたり、南を見る。御堂筋は一九一九年の大阪市区改正設計による面的整備の目玉の大路。幅員は二四間。一九二七年完成。地下には日本初の市営地下鉄が通り、電線も地下埋設された。その姿は現在の街路風景からも十分感じられる。

歴史的町並みから町並み保存運動へ

研究室の仲間たちと町並み研究会という組織を立ち上げて、全国の歴史的町並みを行脚する旅が始まりました。しかし間もなく、こうした旅は、たんに歴史的町並みを調査し、理解し、その今日的意義を考えるということにとどまらないものになっていきました。

歴史的町並みが持つ空間構成そのものにこそ価値があるのではないかと考えるようになってきたからです。都市型住宅としての町家が立ち並ぶことによって形成される調和した都市環境そのものが町並みの価値だと思えるようになっていったのでした。

一方で、こうした町並み行脚を始めた一九七〇年代という時代は、歴史的町並みが破壊の危機に瀕することが各地で起こってくる時代でもありました。かつて古都保存法が生まれた一九六六年前後に、鎌倉や京都、奈良で同時多発的に起きていた開発vs.保存という問題は、古都の歴史的風致を守るという仕組みとして法制化されました。

しかし、ここでいう「古都」とはかつて都が置かれたところ、すなわち特別に国家として配慮が必要だということが言えるところだけだった

28大津市県庁前交差点（16・03）
滋賀県庁前の交差点から東を見る。東海道から南に斜面を少し登ったあたり、かつての畑地に県庁舎が建てられたのは一八八八年、現在も同位置に堂々と建っている。その前の東西路は、風格のある官衙街となっている。

29岡山市市役所筋（13・09）
岡山駅前から南に延びる主要幹線のひとつ市役所筋のイオンモールあたりから南を見る。正面突き当たりに見えるのが市庁舎。かつての岡山城下町の縁辺部であるが、現在は中心的なオフィス街のひとつとなっている。通りは戦災復興土地区画整理事業によって造られた。

30大分市中央通り（11・10）
大分市の中心部に戦災復興土地区画整理事業によってできた南北路、中央通り。交差点から北を見る。かつての堀を埋め立てて拡幅された。東西路である昭和通りとともに十文字に都市を開いている。

路面電車が走る街路風景

31 広島市鯉城通り（2013.08）

34 熊本市通町筋（2013.12）

32 富山市大手モール（2015.09）

35 鹿児島市いづろ通（2012.10）

33 松山市南堀端通り（2010.09）

わけです。これをさらに一般化して、ひろく各地の町並みを守る運動がひろまっていったのが、一九七〇年代でした。

金沢や高山、倉敷、妻籠などが注目され始めるのもこの頃です。町並み保存運動の全国ネットワークとして町並み保存連盟（のち、全国町並み保存連盟）が生まれたのは一九七四年のことでした。一九七五年に文化財保護法が改正され、伝統的建造物群保存地区という面としての文化財が生まれるのも、各地の保存運動の成果のひとつといえます。

町並み保存連盟が主催する全国町並みゼミの第一回が開催されたのが一九七八年で、わたしが東大都市工学科の大学院に進学してすぐのことでした。ここからわたしはほぼ毎年のように町並みゼミに出席することになるのです。

町並みゼミで出会う保存運動の活動家がわたしの教師であり、各地の歴史的町並みが教室のようなものでした。まさしく青空教室です。保存運動のリーダーたちは、豪放磊落な人から穏やかな紳士まで性格は様々でしたが、いずれも人間くさく、誠実で魅力的な方々ばかりでした。地域を二分してしまうような運動において、説得力のある議論を展開し、地元の信頼を得るためには有能なリーダーである前に、誠実な生活者である必要があるのです。

路面電車が走る街路風景
現在日本には二〇市一町において路面電車が走っている。北から札幌市、函館市、東京都区部、富山市、高岡市・射水市、福井市、豊橋市、大津市、京都市、大阪市、堺市、岡山市、広島市、松山市、高知市・南国市・いの町、長崎市、熊本市、鹿児島市。
都市の構造に寄り添うように走る路面電車は、都市を読み解くおおきな手掛かりとなるだけでなく、公共交通機関を重視したコンパクトシティのシンボルともいえる。

31 広島市鯉城通り（13・08）
鯉城通りを走る広島電鉄の路面電車。北を見る。鯉城通りは戦後の都市計画で生まれた、広島の南北軸の幹線。正面突き当たりは広島城内の緑。

32 富山市大手モール（15・09）
大手モールを抜けて走る富山地方鉄道の市電。セントラムと呼ばれる環状線。北を見る。正面突き当たりに富山城の櫓が見える。環状線は二〇〇九年に運行開始。都心再生のシンボル的存在である。

なかでも若い学生にとって強烈だったのは、小樽運河の保存運動でした。小樽運河の保存運動には長い歴史がありますので、とてもここでは語りつくせませんが、一介の主婦であった峯山冨美さんが一九七八年に小樽運河を守る会の会長になったあたりから、事態はおおきく旋回することになります。

峯山さんは小樽運河と共にある生活が、いかに小樽の人々にとって大切なものだったか、そして現在も大切なものであるのかを熱く、しかし冷静に語り続けました。地域に生活するということと小樽運河があり続けるということは峯山さんの中では同じ位相にあったのです。峯山さんが一九九五年に著した回顧録のタイトルは『地域に生きる—小樽運河と共に』（北海道新聞社出版局）というものでした。小樽運河を「守る」でも保存のために「闘う」でもなく、小樽運河と共に「生きる」という生活のスタンスこそが、多くの人々の共感を呼んだのだと思います。

わたしもこうした姿勢に強烈に惹かれたひとりでした。わたしは、一九九七年に上梓した著書『町並みまちづくり物語』（古今書院）のなかで、峯山冨美さんに触発されて次のように書いています。「地域の中で十全に生きること、生ききること、それが一人の人間としての課題なのであって、まちづくりはそのひとつのあらわれに過ぎないのである」（一二一頁）。

33松山市南堀端通り（10・09）
城山公園の南側を走る伊予鉄道の市内電車。右手の並木の奥が堀。南堀端通り、西を見る。城山のまわりを周回するように路面電車が走る。

34熊本市通町筋（13・12）
通町筋を走る熊本市交通局の市電。東を見る。西側には熊本城がそびえている。通りの北側には上通、南側には下通という大規模アーケード街がある。文字通り都市の「へそ」である。

35鹿児島市いづろ通（12・10）
いづろ通を走る鹿児島市交通局の市電。西を見る。二〇〇六年より線路敷の緑化が進み、約九㎞が緑のじゅうたんとなっている。いづろとは石灯籠のこと。

町家が造り出す街路風景

36 京都府舞鶴市西舞鶴吉原（2005.05）

37 富山県高岡市吉久（2015.11）

38 福井県小浜市三丁町（2008.03）

39 愛知県犬山市本町通り（2017.11）

40 大分県日田市豆田町（2009.04）

この気持ちは今も変わっていません。

歴史的町並みそのものの保存は、もちろん基礎ではありますが、物理的な空間の保存にとどまっているのではないのです。そこに生活する人々の想いを形にするものとして町並みがあるのです。だから、町並みというものはそうした想いの発火点になるものではあるものの、その保存が自己目的化するということではないということを骨の髄まで理解できたのです。

このことは、その後のわたしのまちづくり運動の指針となりました。それ以降、多くのまちにおいて、歴史を活かしたまちづくりのお手伝いをしてきましたが、地域の生活を理解し、その将来像を自分なりに豊かにイメージすることが学術的な調査や提言の出発点となりました。

もちろん、わたし自身、そして調査にあたる研究室のメンバーも、対象となるまちに住んでいるわけではないので、「住んでもいないものに、生活の実感がわかるのか」といった疑問や、「そんなに重要だというのならば、住んでみたらいいではないか。それもやらないで、評価だけするのは無責任だ」といった批判をしばしば受けることがありました。

たしかに一理ありますが、では、そのまちに住んでいない他者には、まちを理解することは不可能なのでしょうか。まちに住む人と住まない

町家が造り出す街路風景

歴史的な街路を形成する建物類型としてもっとも一般的なのは町家である。間口が狭く奥行きが深い敷地に、道路に接して建物の壁面が立ち上がるという町家の構造は、まさに道路とそこに建つ建物群によって街路空間を生み出すという、都市型住宅の典型といえる。町家の立面はほぼ同じ構成要素から成り立っているが、同時にそれぞれが少しずつ異なっており、調和を保った町並み景観を実現している。

36京都府舞鶴市西舞鶴吉原（05·05）
一八世紀前半の大火後に移転、造成された漁師町。東西に狭小な街路を持ち、中央に開削された水路がある。水路は船溜りとなっている。類例のない超高密な計画市街地を造り出している。

37富山県高岡市吉久（15·11）
一七世紀半ばに加賀藩の米蔵が建設されたことから、廻米の集散地として栄えた集落。小矢部川の舟運による。大規模な町家が軒を並べている。

人とは最終的に分かり合えないものなのでしょうか。——いいえ、わたしはそうは思いません。

まちとそこに生きる生活者としての自分の姿勢、あるいは距離感がきちんとしていれば、住んでいる地域が異なる他者とも理解しあえるものだと思います。峯山さんの訴えが多くの人の心に響いたのも、峯山さんの言葉がそれぞれおのれの生き方に届いたからだと思うからです。そのまちに住んでいても、住んでいなくても、伝わるものはあるのです。

つまり、都市に生きる姿勢、あるいは都市と向き合う姿勢そのものが問われているのです。そこが共振できれば、分かり合えるのです。ここから、「都市から学ぶことが基礎となる」というわたしのスタンスが固まってきたといえます。

その後の展開：「特別な」町並みから「普通の」都市景観へ

こうして腹を据えて歴史的町並みとそこを保存するために活動している人々から学ぶというわたしのスタンスは定まったのですが、だからといって将来が順風満帆だったわけではありません。一九七〇年代後半から八〇年代前半にかけてという時代は、都市計画の中で歴史的環境の保

38 福井県小浜市三丁町（08・03）
小浜城下町西部の商家や茶屋町の粋な町並み。ベンガラ塗りの格子が続く。二〇〇八年に小浜西組として重要伝統的建造物群保存地区に選定された。

39 愛知県犬山市本町通り（17・11）
犬山城下町のメインストリート、本町通りの町並み。北を見る。正面奥に犬山城が見える。近年、犬山城だけでなく、町家地区を回遊する観光客が急増している。

40 大分県日田市豆田町（09・04）
日田城下町北部に位置する豆田町御幸通りの町並み。日田観光のシンボル的存在。北を見る。筑後川の支川、花月川の南岸に位置する。二〇〇四年に重要伝統的建造物群保存地区に選定された。

武家住宅が造り出す街路風景

41 金沢市長町（2005.11）

42 長崎県島原市下の丁（2009.04）

45 高梁市石火矢町（2004.02）

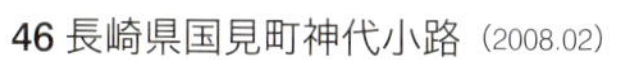

46 長崎県国見町神代小路（2008.02）

43 秋田県仙北市角館町（1990.06）

44 松阪市御城番屋敷（1990.12）

全をテーマとするような研究はまったくの少数派でしたから、大学の講義でも、こうした旗を立てている先学は、少なくとも都市計画の分野ではほとんどいませんでした。ということは、就職先がないということですから、将来の展望はほとんどできないという状況でした。

そんななか、一九八二年に明治大学建築学科に助手として採用され、都市計画の分野で歴史的環境の保全問題を正面から扱うチャンスを与えられたことは大変な幸運でした。

先述のように、大学院生時代から、関心を共有している周りのメンバーと町並み研究会という自主グループを立ち上げ、東海道見付宿（現静岡県磐田市）、下館（現茨城県筑西市）、飛騨高山（岐阜県高山市）などの自主調査を続けては来ていましたが、社会的な責任や研究費の裏付けに乏しいものでした。それが、大学の教員として責任をもって地域と付き合うことができるようになったのです。

日本ナショナルトラストの調査として、鯖街道熊川宿（現福井県若狭町）や飛騨古川（現岐阜県飛騨市）などにかかわることができたのは僥倖としか言えません。そのほか、文化庁の伝統的建造物群保存対策調査として松代（長野市）や越後村上（新潟県村上市）の調査も研究室として行いました。これらのまちとは今もつき合いが続いています。いずれ

武家住宅が造り出す街路風景
塀によって閉じられた敷地が続き、その奥の前栽の様子が塀越しの緑から垣間見られる。建物が通りに向かって開くか（町家）、敷地の内側に向かって開き、外に対しては閉じるか（武家住宅）によって、街路景観は決定的に変化する。
同じ武家地の街路風景でも、武家住宅の規模や密度に違い、塀の素材、街路に面して建つ門や付属建物の意匠や配置によってまったく別の風景となる。

41金沢市長町（05・11）
金沢には長町界隈に広範に武家住宅が残っている。街路に沿って並ぶ土塀は冬には雪から守るために薦（こも）をかける。それもひとつの文化的景観と言える。

42長崎県島原市下の丁（09・04）
かつての鉄砲町の徒士住宅。中央に湧水を引いた水路が流れ、以前は生活用水として利用されていた。現在は、下の丁だけに道路中央の開水路が残っている。

43秋田県仙北市角館町（90・06）
角館城下町は北の古城山に城を配置し、

も30年を超えるつき合いです。
まちに住むまちづくりのリーダー達や熱心な行政マンと議論を繰り返す中で、歴史や地勢、地元コミュニティのあり方からさまざまなこれまでのいきさつやしがらみなど、ひとつのまちのことを深く知ることが、他のまちを理解する際の引き出しとなり、応用問題を解くために見通しを与え、問題解決のための多彩な手がかりとなることを知りました。こうして固有の事例を深めることが、普遍的な知恵につながっていくのだということを学んだのです。
ともすると研究者は事象の普遍性を追い求めるあまり、事象の固有性を捨象しがちです。しかし、固有な事実を深く識ることを通して普遍的な真実にたどり着くことができる、ということを学んだことは、わたしにとって貴重な財産です。
他方、歴史を活かしてまちづくりをするとどのようなまちになっていくのか、その姿を示すことができるとわたしたちがやってきたことを具体的な実証を示す形で表現することができるのですが、これまでそうした事例はほとんどありませんでした。
高山や倉敷、妻籠などがその貴重な先進例なのですが、いずれも観光地として成功していたまちでした。もちろん、はじめから観光地となっ

その南側に武家住宅の内町、さらにその南に町人地を配している。しだれ桜が圧倒的な印象を与える。一九七六年に重要伝統的建造物群保存地区に選定された。

44松阪市御城番屋敷（90・12）
幕末に建設された組屋敷の長屋。二〇〇四年に国の重要文化財に指定された。槇の生垣が特徴的である。北を見る。正面は松阪城跡。

45高梁市石火矢町（04・02）
備中松山城下町の中級武家住宅地区。南を見る。一九七四年、岡山県のふるさと村に指定された。

46長崎県国見町神代小路（08・02）
鍋島藩の陣屋町として、一七世紀に武家地が形成された。「こうじろくうじ」と呼ぶ。南北路に沿って、石垣や生垣が続いている。二〇〇五年に重要伝統的建造物群保存地区に選定された。

住宅地が造り出す街路風景

47 東京都文京区根津（2010.06）

48 東京都台東区谷中（2010.06）

49 加賀市大聖寺（2009.04）

50 長崎県平戸市生月島舘浦（2015.02）

ていたわけではないので、そこには地元の方々の並々ならぬ苦労があるのですが、外部から見ると、観光地化が可能だったから成功したのだ、といった印象を受けてしまいます。
一般的な生活者のまちが、いかにして歴史に光を当て、そのことがまちの魅力づくりに貢献していけるのか、という点に関しては、類例がほとんどありませんでした。そのこともあって、後年まちが元気になっていった熊川宿と飛騨古川の例は、わたし自身にとってもおおきな自信を持つことのできる心強い味方となったのでした。
そうこうしているうちに、一九九〇年代後半にはバブルの熱も冷めやり、フローよりもストック重視の時代が到来し、わたしたちがこれまで少数派としてやってきたことにも光が当たるようになってきました。時代のほうが前進し始めたのです。
景観法（二〇〇四年）が成立し、歴史まちづくり法（二〇〇八年）という、かつての時代にはネーミングも含めて考えられないような法律まで生まれました。こうした国土交通省の施策と並行して、文化庁では歴史文化基本構想（二〇〇八年）という文化のマスタープランの仕組みも生まれました。
わたし自身、こうした制度設計にも一定の貢献をすることができたの

住宅地が造り出す街路風景
多様な背景を有する住宅地が生み出す街路風景は、住宅地の多様性を反映するように変化に富み、そこで繰り広げられる多様な生活の様子を類推させてくれる。ここにもひとつの個性ある街路風景が繰り広げられているのである。

47東京都文京区根津（10・06）
根津神社の参道だった不忍通りの東側の背後。このあたりはかつては小規模な旗本屋敷が集中した地区だった。

48東京都台東区谷中（10・06）
上野の東京国立博物館から北西へ八〇〇mほどいったあたり。現在は住宅地となっているが、江戸時代には広大な寺町だった。古くからの三叉路に立つ近代のヒマラヤスギ。

49加賀市大聖寺（09・04）
大聖寺城下町の山の下寺院群の通り。一九九〇年代にわずかに拡幅され、現在の道幅になっているが、赤煉瓦の町並みの風情は残されている。

は、まさに時代の趨勢だったと思います。そうした流れの中で、都市を考える時に歴史的環境を活かすということは当たり前のことになっていき、わたしたちが一九七〇年代後半から訴えてきたような価値観が多くの人々に共有されるような時代が到来したのです。

それはそれでありがたいことではありましたが、そうした時代が来たからには、わたし自身はもっとその先に行きたい、行かねばならない、と思うようになってきました。

つまり、戦災や火災などに遭わずに今日まで残されてきた歴史的町並みや建造物は、ある意味、特別に幸運だったと言えるものでもあるのですから、それを大切にすることからまちづくりが始まるのは当然なことのはずです。歴史を活かしたまちづくりはそこから一歩、踏み出す必要があるのではないか。さらに一般的なまちづくりの中に活かされないと、いつまでたっても特別な、例外的なまちづくりのひとつにとどまってしまうのではないか。——ここからより普遍的なまちづくりに進むことが必要だ、と考えたのでした。

ちょうど、わたしの研究者としてのキャリアの最初に熊川宿や飛騨古川との出会いがあり、そこでの個別の経験がより普遍的なまちづくりに向けたわたしなりのビジョンを描いていくことの力になったように、よ

50長崎県平戸市生月島舘浦（15・02）
かつての漁村集落の小さな辻に生月新四国霊場の小さな札所がある。生月島はかくれキリシタンでよく知られた島である。

街道が造り出す街路風景

51 長野県南木曾町妻籠宿（2014.06）

52 福井県若狭町熊川宿（2014.10）

横丁が造り出す街路風景

53 新潟市中央区西堀前通（2016.04）

54 東京都杉並区高円寺南 1 丁目（2016.04）

り一般的に、普通のまちが個性を磨くためのまちづくりとはどのようなものであるべきか、を考え始めていたのです。
しかし、このことは何も特別のことをまちづくりに要請しているわけではありません。どのまちでも、もう一度まっさらな目でまちの来歴を見つめなおし、まちの個性の依ってきたるところを読み解けば、自分のまちのこれから行くべきおおまかな方向に関しては、およそあやまたずに判断できることになると思います。少なくとも、間違った方向へ進むことがないように、自分たちのまちの進むべき「方向感覚」とでもいうべきものを得ることができると思うのです。
二〇〇〇年代に入って、わたしのやるべきことはこうした当たり前の都市の中に見え隠れしている個性とでもいうべきものを、都市を読み解くことによって明らかにすることだと考え、そのような作業を続けてきました。その成果は、たとえば、『まちの見方・調べ方』（朝倉書店、二〇一一年、共編著）や『都市空間の構想力』（学芸出版社、二〇一五年、共著）、『まちを読み解く』（朝倉書店、二〇一七年、編著）、『県都物語』（有斐閣、二〇一八年、単著）といったいくつかの著作になっています。
それらは、都市の立地を振り返ったり、地形や歴史を調べたりする中で、都市の形成の必然的な流れを明らかにしていくことや、こうした確

街道が造り出す街路風景
街道に沿って旅籠などの建物が並んでいたかつての宿場町の風景は、町家が造り出す街路風景の一種ではあるが、町場への入り口の枡形や本陣、脇本陣の配置をはじめとして、宿場町自体の立地や街道線形の工夫など、周到な集落計画の存在を感じさせる手がかりに満ちている。

51長野県南木曾町妻籠宿（14・06）
中山道の宿場町。木曽十一宿のひとつ。坂の多い山中の街道に沿って、町並みが形成されている。町並み保存によるまちづくりの発信地のひとつとしても名高い。

52福井県若狭町熊川宿（14・10）
小浜と京都を結ぶ鯖街道の宿場町。熊川は物資の流通によって栄えた宿場町。宿場の中央部（写真）はゆるやかにカーブし、道幅も広い。街道脇を用水である「まえかわ」が流れている。

認作業を地元の方々と一緒におこなう中で都市に対する共通認識を確立していくというもので、およそ都市調査の基本と変わりはないものです。しかし、こうした作業をそれぞれの都市に寄り添いながらおこなうことによって、それぞれの都市が置かれた現状や、今後どのような方向を目指すべきかの方角のセンスとでも言うべきものが体得されていくと思います。こうしたことを二〇〇〇年に入ったあたりから研究室の仲間たちと意識的に進めてきました。

都市デザインというと、もっと派手にひとつの空間のデザインを提案することだと思われがちです。たしかにそうしたことも重要なのですが、わたしはその前提として、都市はどちら向きの努力をすべきなのか、ということに関して、どの都市にでも当てはまるような手だてを提案することも都市デザインのひとつのあり方ではないか、と考えたのでした。

都市からわたしが学んだ10のこと

以上、やや回りくどくなってしまいましたが、これまでのわたしの経歴のなかで、都市から何をどのように学んできたのかの背景を簡単に振り返りました。

横丁が造り出す街路風景
建物が正面を向ける街路から折れ曲がって狭い横丁に入ると街路風景は一変する。ワキ道やウラ道沿いに、都市生活の別の側面がのぞいている。

53新潟市中央区西堀前通（16・04）
新潟の通りには、西堀通りと東堀通りの二本の大通り、その間にある本町通りと古町通りの二本の賑やかな町筋、さらにその裏通りにあたる東新道と西新道、そして新道から折れて進む横丁という段階的な構成がある。写真は、もっとも狭い横丁。九番町の路地、東を見る。古町花街の風情が残る。

54東京都杉並区高円寺南一丁目（16・04）
神田川の支川、大久保通り沿いに東西に流れていた旧桃園川。現在は蓋がされ、緑道となっている。東を見る。JR中野駅の南西。川沿いに背を向けていた建物の様子がよくわかる。

産業が造り出す街路風景

55 和歌山県湯浅町湯浅（2008.04）

56 福井県勝山市旭町 1 丁目（2009.08）

新モニュメントが造り出す街路風景

57 東京都墨田区タワービュー通り（2017.12）

そしてこれから紹介する10の要点が、浮かび上がってきたのです。したがって、以下の10の要点は、わたしの経験から導き出した視点ですので、異なった経験を積めば、それに従って都市の見え方も変わってくると思います。都市生活者の数だけ、都市の見方も異なり、都市から学ぶことも異なるでしょう。また、都市に対して無関心で、都市からは学ばないというスタンスの人もいるでしょうが、それはそれでひとつの生き方なのでしょう。

ただ、確実に言えることとして、少なくとも都市にアプローチする姿勢は、場所や時代が変わろうとも、それほど変化するものではないのではないか、ということがあります。ここで紹介する10の要点は、その意味で、都市に向かい合う時の姿勢、あるいは心構えとでも言うべきものかもしれません。そしてそれはそのまま、まちづくりに向かいあう姿勢であるということもできます。まちにもまちづくりにも関心のない人まで包み込んで、都市には「教え」が隠されているのです。

都市からわたしが学んだ10の要点を紹介しつつ、それをまちづくりの現場で翻訳すると、何が言えるのかについても考えてみたいと思います(各章の＊＊＊の後がそれにあたります)。さらにその先に、これから学びたいと思うことを付け加えておこうと思います。

産業が造り出す街路風景
古来、産業が造り出す街路風景は、ヒトの動きよりもモノの流れを軸にできている。規模も大きく、地域の個性を醸し出す重要な手掛かりでもある。

55和歌山県湯浅町湯浅（08・04）
湯浅には現在も多くの醤油醸造蔵が残っている。大仙堀越しに北から見た蔵の背後の風景。醤油船が停泊し、樽に詰められた醤油はここから運び出されていった。

56福井県勝山市旭町一丁目（09・08）
勝山は羽二重や人絹織物の一大産地。写真は松文産業ののこぎり屋根の工場と木造倉庫が造る風景。北を見る。

新モニュメントが造り出す風景
新しいモニュメントや開発が新しい街路風景を生み出すこともある。各地の駅前通りなども、鉄道という新しい交通機関が生み出した近代の風景でもある。

57東京都墨田区タワービュー通り（17・12）
二〇一二年に竣工した東京スカイツリーが生み出した街路風景。

都市から学んだこと

その1

過去からの想いの総量

都市空間は過去に住んだ人の想いの総量としてある。
だから都市空間は尊重されなければならない。

堀端

1 東京都千代田区皇居周辺（2017.01）

2 松江市松江城周辺（2016.05）

5 近江八幡市八幡堀周辺（1996.09）

3 甲府市甲府城周辺（2015.12）

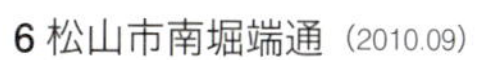
6 松山市南堀端通（2010.09）

4 静岡市駿府城周辺（2017.03）

都市空間は、たしかに物理的な空間ではあるのですが、たんに寸法をもった空間であるだけではないことは明らかです。そこに都市生活者の想いや記憶、日々の生活の刻印が打たれているのです。さらに、そうした刻印は生活者ひとりひとりにとって異なっています。都市に対する思いも、当然ながら人によってさまざまです。

個々の生活者それぞれにとって都市空間の心象風景が異なっているとすると、都市空間をどのように扱うと公正で公平なのかについて、判断が難しいということになります。

しかし、見方を変えると、どのように多様な心象風景が広がっていたとしても、生活の場としての都市空間はひとつなのですから、いずれの生活者も同じ都市空間のなかで日々を過ごしているわけです。

つまり、都市空間は人々の都市に対する多様な想いを受け止める器として誰にでも平等に存在しており、実際に想いを投影する対象としてありえるということが重要なのです。

都市空間は、物理的にはひとつの空間であることには変わりありませんが、その受け止められ方は生活者の数だけあるということになります。だから、そうした都市生活者の多様な想いの総量を受け止める深い器として、都市空間は重要なのです。

水辺の風景

海辺、水路、堀、湧水など、水をめぐる意匠の中に都市空間の構想力を見てみたい。土地の勾配、周辺の市街化の状況などによって、水辺の風景も大きく変わる。いろんな時代を通して、水辺を必要とする想いが、さまざまな形を生み出してきたことがわかる。

堀端

近代になって、城下町のお堀のそばに道路が建設され、堀端通りとしてこれまでにない風景が生まれた。都心にこうした広々とした空間が造られたこと自体、日本の都市の特色だと言うことができる。

1東京都千代田区皇居周辺（17・01）
皇居桜田堀沿い。正面の門は桜田門。背後は有楽町から丸の内にかけてのオフィスビル群。東京都心にひろがる江戸城下町建設の痕跡。

2松江市松江城周辺（16・05）
城山内堀川沿いの通り、北を見る。一七世紀初頭、低湿地だったこの地に松江の

都市空間の重要性は、その空間の歴史性の深さやデザインセンスの良さなどから判断することも可能ですが、それ以前に、都市生活者の多様な想いを受け止める寛容な器としての役割から出発することが肝要だと思います。

たとえば、ある都市に現在住んでいる人だけでなく、過去にその都市に住んでいた人々の想いも含めて、人々が空間に何らかの痕跡を残しているのです。わかりやすい例として、長年、耕作地を維持し、さらには拡大して、田畑を耕し続けてきたということを挙げることができます。現在、日本中で見ることができる田園地帯の風景は、そうした継続した努力の結果生まれたものだと言うことができます。田んぼの一枚一枚は所有者が異なるのに田んぼの風景は見事に調和がとれているのです。

田んぼが維持されるためには灌漑用水が管理されている必要があります。灌漑用水の歴史を調べると、土地に刻まれた歴史として、水系ほど永らく保たれ続けた施設もないと思えるほどです。

都市では改変が多いため、田畑のように安定して維持されてきた土地利用を挙げるのは難しいのですが、各時代の構想がいかに都市に構造を与えてきたかは、読み取ることができます。

名古屋を例に見てみましょう。名古屋は巨大都市なので、歩き回るの

城下町が築かれた。右手の長屋門の内側に松江歴史館がある。

3 甲府市甲府城周辺（15・12）
舞鶴城公園の南側の堀沿いの道。東を見る。左手奥に甲府城。

4 静岡市駿府城周辺（17・03）
駿府城公園東側の通り、中堀に沿って北を見る。右手は静岡大学附属小学校。中堀と外堀の間には県庁舎や地方検察庁、市民文化会館、多くの学校などが建っている。

5 近江八幡市八幡堀周辺（96・09）
城下町から八幡山に向かう白雲橋の中央より見た八幡堀。東を見る。かつて悪臭を放ち、埋める寸前までいった堀は市民運動によってよみがえった。

6 松山市南堀端通（10・09）
堀に沿って西堀端通、南堀端通、東堀端通が廻り、城山のまわりを一周する内環状道路の主要部分を形成している。左手の森の中は堀之内と呼ばれる城山公園内のオープンスペースとなっている。

水路端・湧水端

7 高岡市新湊内川沿い（2005.11）

8 京都市左京区哲学の道（2010.04）

9 倉敷市美観地区周辺（2013.09）

10 萩市川島（2006.11）

はほとんど不可能ですが、だからといって地下鉄で移動するばかりでは、土地勘を養うことができません。——では、どこをどう歩けばいいのでしょうか。答えは簡単です。東西の主軸である広小路通を名古屋駅から東へ歩けば、空間に込められた痕跡が蓄積しているのを実感できるのです。

広小路通の東半分は一六六〇年の大火以降、火除け地として拡幅されていました。この広小路通の東の端に県庁者が一八七七年に建てられました。なぜ東の端だったかというと、そこがT字路だったからです。計画都市の東端だったのですね。

その後、一八八一年から、県庁前通りとしての広小路通の拡幅が西側に進められ、堀川まで広い道となりました。さらに一八八六年に東海道線の名古屋駅が現在よりもやや南側に開設されています。この時、駅から堀川までの道路が建設され、堀川にかかる納屋橋も一八八六年に現在の鉄のアーチ橋に架け替えられています。こうして、駅と県庁舎とが広小路通の両端で向かい合うという名古屋の構図が完成しているのです。

ここまでの名古屋の都市形成のさわりの部分を表現すると、わずか十行たらずのことですが、これには数多くの人間がかかわっており、都市の構想もそのなかで拡大されつつ、世代を超えて受け継がれてきている

水路端・湧水端
都市施設の一部として人工的に造られた水路や湧水の周辺の風景は、周囲の小空間や端に建つ建物と相まって、緊密な都市空間の構成を持っている。都市に水を引き込むための周到な計画性を物語っている。

7 高岡市新湊内川沿い（05・11）
堂々たる河川に見えるが、もとはといえば船溜まりを兼ねた運河として建設された。舟運と漁業で栄えた都市の面影が色濃い。

8 京都市左京区哲学の道（10・04）
琵琶湖疏水の分水路端の通り。北を見る。疏水本線は京都の産業振興および上水確保のために建設されたが、この分水は沿線の水力利用や灌漑・防火用水として利用されたほか、東山周辺の庭園の泉水としても用いられている。

9 倉敷市美観地区周辺（13・09）
倉敷川畔の風景。南東を見る。右手に大原美術館がある。水運を利用した物資の集散地。一九七九年に重要伝統的建造物

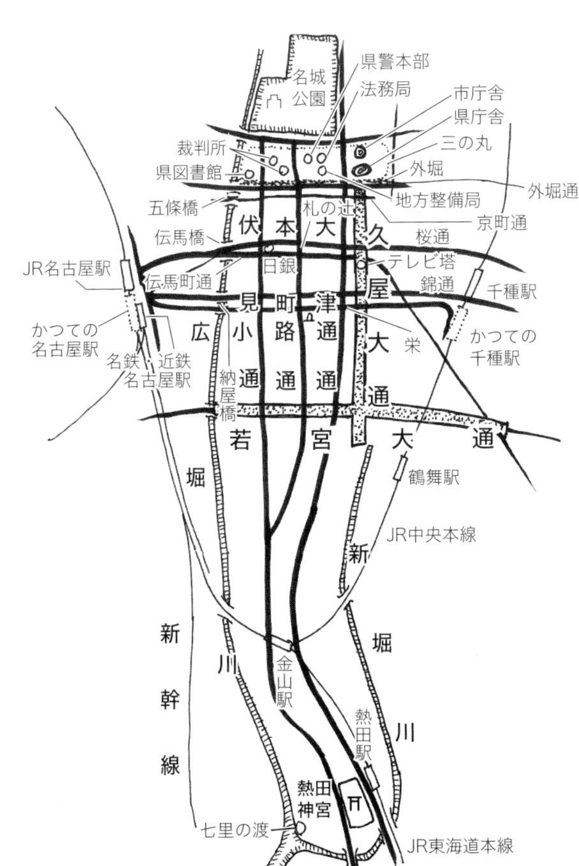

名古屋の都市模式図
名古屋台地の北端に名古屋城が位置する。現在の名城公園。尾根筋が本町通り。これに直交するように広小路通りが東西に通っている。これはかつて、名古屋駅と県庁舎を結ぶ幹線だった。

群保存地区に選定された。

10 萩市川島（06・11）
萩城下町は阿武川河口の低湿地に造られた。川島地区は三角州の南東隅、もっとも上流部分にあたる。藍場川と呼ばれる水路沿いの風景。北西を見る。

11 倉吉市（2007.02）

12 京都府舞鶴市西舞鶴吉原（2005.05）

15 福井市東郷（2009.07）

13 小諸市弁天清水周辺（2012.02）

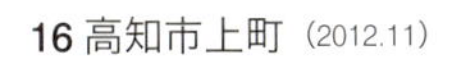

16 高知市上町（2012.11）

14 郡上市八幡町本町の宗祇水周辺（1999.07）

ことが分かります。それぞれの時代を生きた人たちの部分的な想いがかたちとなり、それが次の世代に引き継がれ、徐々に名古屋という大都市の背骨となっていったのです。

興味深いことに、こののち県庁舎は一九三八年に大津通沿いを北にのぼった現在地に移転することになり、広小路通が県庁跡地を突っ切って東に延伸され、現在の栄交差点を生むことになりました。江戸時代にはまちはずれだった栄の地が繁華街となるという大変化の物語もその時その時の決断の積み重ねによって成り立っているわけです。

どの時代にも、前の時代を受け継いで、その時に応じて計画を立て、実現してきた人々がいるのです。こうした人々の想いの結果として現在の広小路通ができあがったのでした。

同様の物語はすべての通りに、そしてすべての土地にあるのです。ただ、名古屋の広小路通のようにスペクタクルではないかもしれませんが、スペクタクルかどうかは他者の判断です。それぞれの都市空間がこうした複雑な経緯を経て、現在に至っていることはどこでも同じです。だからこそ、それぞれの空間は尊重されなければならないのです。

名古屋の例が示すように、都市空間にはこれまでその都市に住んできた多くの都市住民の経験と想いが詰まっています。退屈な都市などとい

11倉吉市（07・02）
倉吉の打吹山の北、玉川沿い。赤い石州瓦の白壁土蔵群。西を見る。通りに沿って建物のオモテとウラとが向き合ったユニークな町並み。一九九八年に重要伝統的建造物群保存地区に選定された。

12京都府舞鶴市西舞鶴吉原（05・05）
四二頁に掲載した町家の町並みの背後に建設された、船溜まりを兼ねた水路の風景。南を見る。水路の東が西吉原、西が東吉原。逆転した呼称は、大火による移転前の位置関係をそのまま反映したもの。

13小諸市弁天清水周辺（12・02）
古代の東山道沿い。湧水の前に小広場がある。北を見る。古くから知られた名水。近くに水の神である弁財天が祀られている。

14郡上市八幡町本町の宗祇水周辺（99・07）
古くからの名水であると同時に宗祇への古今伝授の言い伝えがのこる史跡でもある。長良川の支川である吉田川と小駄良（こだら）川の合流点近くに位置する。

うものはありえません。もちろんひとには好みというものがありますから、好きな都市風景や興味深い都市空間というものはひとそれぞれにあるでしょうが、退屈な都市や都市空間というものはありえません。これまでの都市生活者の想いを実感する感性が鍛錬されていないか、その都市の面白さを見つける目をまだこちら側が見いだせていないかの問題なのです。

＊＊＊

まちづくりの視点からこのことを考えてみると、都市生活者の都市に対する、無関心をも含めた、多様な想いの器としての都市空間を、たんに「さまざまに評価できる」とお茶を濁すことでは済まないのは明らかです。

都市に対する多様な思いのあり方を理解し、「さまざま」の内実を探ることから出発する必要があります。そのなかに最大公約数的な想いの方向性を見出していくことができるならばしめたものです。さらには、自分の都市生活者としての都市に対する想いを、いかに他者と共有できるのか、説得力を持って他者へ訴えていけるのかを模索し続けることが必

15福井市東郷（09・07）
東郷は一乗谷近くの在郷町。用水路、堂田川が通りの中央を流れている。

16高知市上町（12・11）
高知城下町の一部として建設された職人町。紺屋の染め物のために水路が造られ、のち生活用水として使用された。

海辺
海辺の風景は漁港とそれ以外で大きく分かれる。漁港には漁船が停泊し、生活の息吹が感じられると同時に、海辺の漁村の緊密な都市的空間が人々を惹きつける。

17鹿児島市鹿児島港本港区北埠頭（18・05）
北埠頭の北側に整備されている通称しおかぜ通り。正面に見えるのは桜島フェリーターミナル。フェリーは二四時間運航している。右手奥の緑は城山、左手の大きな屋根はかごしま水族館。

17 鹿児島市鹿児島港本港区北埠頭（2018.05）

18 大分県津久見市保戸島（2016.07）

21 福山市鞆の浦（2016.10）

22 長崎県対馬市厳原（2014.02）

19 青森市青い海公園（2018.05）

20 京都府伊根町伊根浦（1999.05）

要です。

最大公約数的な想いをたんに統計学的な分析に基づいた無味乾燥な「事実」として見るのではなく、都市空間への「気づき」を通して、都市に対する想いをいかに共有化し、深化していけるかという運動論的な視点で見ることが必要です。これは、都市空間への想いを血の通ったものにできるかという点で、ひとつのチャレンジでもあります。

まちづくりの世界では、組織論や運動論の側面が強調されるきらいがあります。それはそれとして重要な側面なのですが、だからといって都市空間の物理的な側面を軽視してはいけないという警鐘です。都市空間は、あらゆる都市生活者を包み込む器なのですから、その重要性は強調しすぎることはないはずです。

わたしがこれまで私淑してきたまちづくりのリーダーたちも都市空間の大切さにはとても注意を払っていました。都市空間はたんに外から与えられるものだという観点から捉えるのでは不十分です。都市空間はわたしたちの先人たちが築いてきてくれたものなのですから、そこに想いがこもっていて当然なのです。

18大分県津久見市保戸島（16・07）
津久見港から定期船で二五分、豊後水道に浮かぶ島。まぐろ漁業で栄えた漁村集落。急斜面に大型住宅がびっしりと建つ。

19青森市青い海公園（18・05）
むつ湾に向かってひろがる青い海公園のボードウォークから見た青森ベイブリッジ。

20京都府伊根町伊根浦（99・05）
伊根湾の水面に突き出して建てられている舟屋群。二〇〇五年に重要伝統的建造物群保存地区に選定された。

21福山市鞆の浦（16・10）
鞆は古くからの潮待ち港。階段状の雁木は干満の差が大きい瀬戸内海の船着き場のしつらえ。左手に常夜灯が見える。二〇一七年に重要伝統的建造物群保存地区に選定された。

22長崎県対馬市厳原（14・02）
城下町の中心部を南北に流れる厳原本川の河口部に古くからある漁港の風景。フェリーの港はさらに外海近くにある。

都市から学んだこと

その2

書き継がれる書物

あらゆる都市は書物である。
今後も書き継がれる書物である。
わたしたちはその読者であり、著者ともなる。

小広場

1 那覇市首里金城町（2016.06）

2 島原市白土桃山（2009.04）

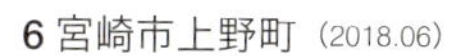

5 福井県若狭町常神 (2010.09)

6 宮崎市上野町 (2018.06)

3 東京都渋谷区原宿 (2012.10)

4 金沢市東山 (2010.10)

あらゆる都市空間は「意図」を持って造られています。どんなに自然発生的に見える空間でも、まったくの自然環境の中にあるわけではないので、人の手が入っています。したがってそこには何らかの「意図」があるのです。都市空間は、ちょうど書物のひとつひとつのプロットのようなものだといえるでしょう。書物には、当然ながら著者がいるので、ひとつひとつのプロットはいかに自然に見えても、何らかの「意図」のもとにあります。

もちろん、長年にわたり自然発生的に形成されてきた「けもの道」のような例もありますが、それにしても、多くの人が（あるいはけものも）歩き続けてきたことには、何らかの目的があり、そうした道が形成されてきた経過の中には、無意識的な「意図」が蓄積されて、道を形成してきたといえます。

そうした多様な「意図」の総量として、都市空間はできているのです。あたかも都市空間は、多数の著者がいる書物のようなものだと言えます。その意味で、あらゆる都市は書物なのです。

ただ、実際の書物と異なるところも多々あります。

ひとつは、都市という書物には無数の著者がいるということです。あまりにも著者が多いために、誰の「意図」がどの都市空間にどのように

都市の小空間

都市の中には不思議な小空間や街路の屈曲やカーブ、大木の存在など、あたかもかくれた意図があってできあがってきたように見える空間があちこちにある。自然発生的に見えるこうした空間にも、自然に発生するだけの十分な根拠があるはず。

都市はこうした空間を生み出すべくして、生み出していったのだ。

小広場

狭い街路の先や通りが交わるところ、くぼみのようなスペースにほっとするような小空間が用意されていると、空間に磁力のようなものが生まれる。それがひとを惹きつける。

1 那覇市首里金城町（16・06）
琉球石灰岩の石畳の坂道の途中、アカギの巨木のある辻。正面に見えるのは金城村屋。現在は無料休憩所として使われているパブリックスペース。

2 島原市白土桃山（09・04）
浜の川湧水のある小広場。生活が生み出

反映されているのかといった対応はほとんど不可能です。あたかも多数から成る集合的な「意図」が都市空間というプロットを造っているように見えます。

しかし、都市空間のそれぞれの部分を子細に眺めていくと、そこには明確であるか、無自覚であるかは別にして、その造形には明らかな「意図」があることに気づきます。

たとえば、住宅街ですと、個々の住宅にはそれぞれ住宅を建てた施主がいて、実際に建設に携わった工務店がいます。そもそもその地が住宅街になったのには、ある歴史的な経緯があるはずです。そこに通っている道路にしても、建っている店舗にしても、それなりの理由があって、現在地に存在しているはずです。行政もそこにはおおきく関与しているでしょう。地形や植生も住宅地の立地に影響を及ぼしているはずです。

都市内の駅や学校を始めとした公共施設、神社仏閣、さらには商店街や街道筋にしても、その気になって眺めてみると、なぜそこに立地しているのかには何らかの「意図」がありそうです。まるででたらめに立地している都市施設などというものはありません。

こうした「意図」の集積として都市の空間ができあがっているのです。そこには多数の著者がいます。

したパブリックスペースのかたち。島原には随所に自噴する湧水がある。

3東京都渋谷区原宿（12・10）
左側の幹線道路（表参道）と右の脇道との間のわずかな空間に多様なアクティビティが交錯する。

4金沢市東山（10・10）
地元で「ひろみ」と呼ばれる小広場。成立には諸説あるが、防災に有用なコミュニティ空間であることは疑いない。同時に空間に固有なアクセントをもたらしている。

5福井県若狭町常神（10・09）
常神半島の最尖端の集落。山際に濱宮神社の小さな祠があり、手前に小広場が設けられている。信仰の原初的な姿を想起させてくれる。

6宮崎市上野町（かみの）（18・06）
古くからの集落である上野町通りから北を見る。中央通りと西橘通りとの分岐の手前、繁華街の一角にある細長い小広場。賑わいが生み出した小空間。

7 福井県坂井市三国（2006.07）

8 愛媛県内子町坂町・八日市（2011.05）

11 大分県日田市豆田町（2009.04）

9 福井県小浜市白鳥（2016.05）

12 鹿児島市名山町（2012.10）

10 大阪市中央区難波法善寺　（2011.01）

もうひとつ、都市という書物が実際の書物と異なる点があります。それは、都市という書物はこれからも書き継がれる書物だということです。さらに言うと、無限に書き続けられていく書物なのです。

都市空間はこれからも変化を続けていきます。都市生活のあり方も変化していくのですから、都市空間も変化せざるを得ないのです。かつて存在していたものが壊され、新たな空間が造形されるでしょう。壊されるのを免れたとしても、その空間の意味は異なって取り扱われることも多いでしょう。あたかも油絵の具を塗り重ねて、終わりのない油絵を描いていくようなものです。

こう考えると、現時点のわたしたちの立場も明らかになります。つまり、過去から未来へと続く長い都市の歴史の中の、現在という一時点の読者であり、著者であるということです。傲慢に都市のすべてを決め付けることは論外ですが、今後も書き継がれる書物の一部として、謙虚に、しかし確固として自分を立場を見極めることが大切だと思います。

***

まちづくりの視点から、書物としての都市を見てみると、面白い発想

鉤型
矩折り、クランクのこと。空間を分節する装置であると同時に、建物の正面をアイストップにすることによって、通りに目標物を与える空間的なしつらえ。シークエンスの変化が、通りのさらに奥へとひとを誘う。

7 福井県坂井市三国（06・07）
南東を見る。食い違いの向こう側が福井藩の三国湊、手前が丸岡藩の滝谷出村。境界に小河が流れ、思案橋が架かっている。藩境を鉤型の空間のしつらえとして表現している。

8 愛媛県内子町坂町・八日市（11・05）
坂町をのぼり、八日市に至る。北を見る。地区の境が鉤型として表現されている。一九八二年に重要伝統的建造物群保存地区に選定された。

9 福井県小浜市白鳥（16・05）
小浜城下町の西部地区。街路が複雑に雁行している。南西を見る。二〇〇八年に重要伝統的建造物群保存地区に選定された。

が浮かびます。
　わたしたち自身も都市空間の著者になれるだけでなく、同時にその書物の登場人物ともなりえるということです。もちろん、誰でも都市という書物の登場人物にはなれるのですが、都市やその空間に積極的にかかわるという意味で、立場が異なるのです。
　このことはたんに登場人物のひとりとなることが誇らしいとか、嬉しいということを越えて、より大きな枠組みの中でまちづくりを捉えるということにつながります。
　さきに、都市というのは無限に書き続けられる書物だと指摘しましたが、その中に役割をもって登場するということは、過去から未来に向けて永遠に書き続けられるこの書物の、現在という一時点をわたしたちが担っているということを自覚することにつながるといえます。つまり、こう考えて初めて、物語の次の章を書き継ぐために現在という章がある、ということに気づくのです。
　注意しなければいけないのは、都市は書物だととらえてしまうと、わたしたちは読者だ、という受け身の姿勢に終始してしまいがちだという点です。また、都市空間の「意図」を無批判に受け入れてしまうと、都市の現在のあり方は進化の結果なのだから、最適解にほかならないとい

10大阪市中央区難波法善寺（11・01）
水掛不動尊の前は絶妙な鉤型となっている。狭い路地の猥雑な飲食店街が一瞬、聖なる場に転換するという仕掛けが籠められている。

11大分県日田市豆田町（09・04）
南を見る。北の花月川畔からこの鉤型までが豆田町の御幸通り。まちを区切るための空間装置としてのクランク。

12鹿児島市名山町（12・10）
戦災復興の土地区画整理がすすんだ鹿児島では珍しい細街路。名山堀の跡に自然発生的に生まれた迷路のような通り。

13 佐渡市赤泊（2009.08）

14 長野県大桑村須原宿（2008.03）

15 京都市右京区嵯峨野（2018.07）

16 倉敷市本町通り（2017.01）

う単純な現状肯定主義に陥ってしまうというおそれもあります。
わたしたちは、読者であると同時に、現時点では都市のユーザーとして主人公でもあるのです。そうして、自分たちの生活を通して、過去から書き継がれてきたこの都市という書物を、次の主人公である将来世代に受け渡していくのです。その意味で、能動的に都市にかかわる必要があります。
同時にわたしたちは都市という書物の読者でもありますが、著者ともなりえます。さらにまた登場人物のひとりともなりえるのです。都市は永遠に書き継がれていく書物なのです。

曲がり
歩いていくごとに風景が展開し、その先へといざなう、もっとも一般的な通りのつくり方のひとつ。長い歴史の中で自然発生的に形成されていった通りがほとんどだ。歴史が生み出した造形として、ここにも都市を形作る構想力を見ることができる。

13佐渡市赤泊（09・08）
北前船の寄港地として賑わった赤泊港の旧道、北を見る。港の地形に沿ってゆるやかにカーブしている。

14長野県大桑村須原宿（08・03）
中山道、木曽谷の古くからの宿場町。集落の中央部に大きな屈曲がある。リニアな集落を分節するためのカーブだろう。

15京都市右京区嵯峨野（18・07）
嵯峨小倉堂ノ前町のお屋敷町の通り、南を見る。自然発生的なカーブの道が続く。

16倉敷市本町通り（17・01）
本町通りは東西に長い街道筋で、阿智神社のある鶴形山の麓の地形に沿ったカーブを描いている。東を見る。

都市から学んだこと

その3

都市空間は構想力を持つ

あらゆる都市空間は構想力をもっている。
その構想に従って都市空間は育っていく。

1 中央区八丁堀 3 丁目 (2014.03)

2 鎌倉市御成町（2014.10）

3 文京区弥生２丁目（2014.04）

前章で、「あらゆる都市は書物である」と述べましたが、著者が無数に存在する以上、書物のストーリーには一貫性を欠き、プロットもバラバラにならざるを得ないような印象を受けることでしょう。しかし、実際は違います。都市という書物は、ばらばらなプロットを大きく束ねて、結果としてひとつの物語を語ることになるのです。

都市は地形や交通体系などの外的要因を勘案しつつ、安全性や利便性などをもとに立地や空間の形態を定め、成長を続けてきました。つまり、都市という書物は、たんに無定見に書かれてきたわけではなく、大枠としてはその空間を規定する要因に沿って、変化や成長というストーリーを描いてきたということができます。都市の生活もそうした大きな枠組みに規定されて営まれてきたのです。

大枠としての外的要因が都市の生長を規定してきたのです。都市を擬人化して見ると、都市はあたかも「構想力」を持って、自らの姿を変えてきたと言い表すことができます。その意味では、都市はみずからの「意図」のもとに都市生活者を動かして、将来の姿を決めてきたように見なすことも可能です。

したがって、わたしたちはその都市が持つ「構想力」とはどのようなものであるかに想いを致しながら、その「構想力」に寄り添って、都市

三叉路

三叉路は、何らか特別の事情で生まれた道。両側の地区の建設時期が異なったり、旧道とバイパスだったり、表通りと裏通りだったり、地形的な要因だったり事情は様々だ。いずれにしても、こうして生まれた鋭角な角地には、小広場や正面の建物など、ほかにはない意匠が生まれる。比較のために海外の三叉路の例も章末に加えた。三叉路の空間を活かすという意味では日本はやや消極的のようだ。

1 中央区八丁堀三丁目 (14・03)
JR八丁堀駅の近く。かつての日比谷町、堀に囲まれた町人地だったところ。特に震災復興後に急速に高密化した。木造建築の側が三叉路に対応してデザインした数少ない例。コンパクト化のなせるわざか。

2 鎌倉市御成町 (14・10)
鎌倉駅北口近くの商店街と背後の住宅地との境の三叉路。オモテ通りとウラ通りの対照がはっきりしている。

の持つ課題や「意図」を見定めることが肝要です。

通常、わたしたちは、自分たち自身の構想力で都市やその部分を建設しているように考えています。しかし、より広い視野で見ると、おおきな制約や条件のなかでわたしたち自身も過去の時代を生きた人々も、各種の判断をしているわけですから、根底ではわたしたち自身も都市の持つ「構想力」によって動かされてきたと比喩的に表現することができます。

第2章では都市を書物になぞらえましたが、その筋書きは都市自体が立地している地形やこれまでの形成過程という過去の経緯に依存しているとも言えます。その意味では、都市は書かれるべくして書かれた書物なのです。

同じく第2章で、わたしたち自身が都市という書物の読者であり、著者にもなりえると書いたのですが、その都市そのものが「書かれるべくして書かれた書物」だということは、一見矛盾しているようにも見えます。書かれるべくして書かれた書物であれば、だれが著者であっても同じ物語に行きつくのではないか、という疑問です。

たしかに大枠ではそういうことが言えると思います。つまり、地形や周辺地域の社会経済的な状況といったものは与件としてありますから、こうしたことに依拠する物語はあまり大幅な変更ができるものでもあり

3 文京区弥生二丁目（14・04）
左側の道は暗闇坂へ続く。その左手は東京大学。弥生二丁目はかつての水戸藩駒込邸の敷地。明治に入って射的場となり、その後、住宅地化した。敷地のエッジだったため、三叉路となった。ちいさな庭先園芸の用地となっている。

5 中央区日本橋横山町 (2014.06)

4 千代田区内神田 3 丁目 (2013.04)

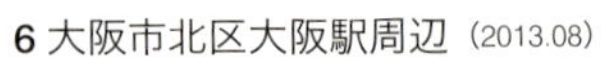
6 大阪市北区大阪駅周辺 (2013.08)

8 横浜市中区中華街（2013.11）

7 前橋市銀座通り（2016.04）

9 那覇市平和通り商店街（2015.08）

ません。その意味で、都市があたかもみずから「構想力」を持っていて、その構想にしたがって空間を造り出してきたと表現することができるのです。
つまり、わたしたち自身も、都市が持つ「構想力」の一部として生きているのです。
もちろん、物語は無数の小さなプロットから成り立っていますので、それぞれのプロットにわたしたち自身も貢献することはあり得ると思います。ただ、それらを包み込むおおきな時代の流れみたいなものもあります。これら全体を指して、都市が保持している「構想力」と表現しています。
もう一度、名古屋の例をとりあげましょう。
名古屋という都市は、名古屋城を北の端として、南に市街地をもって一六一〇年から一六一四年にかけて建設された計画都市です。名古屋城は名古屋台地の北端に位置しています。南に延びる台地の尖端に熱田神宮があります。江戸時代に計画された市街地の大半は、堀川沿い以外は、台地の上に立地しています。
こうした名古屋の地形的な条件が、その後の都市変容の大枠を決めています。鉄道は、東海道線も中央線も台地の縁を通っています。したが

4千代田区内神田三丁目（13・04）
JR神田駅北口すぐ、鍛治町と竪大工町の間のかつての上白壁町。この地にななめに鉄道が通ったために数多くの三叉路が生まれた。繁華街の駅前のため、変化が激しい。この時点では広告塔と化していた。

5中央区日本橋横山町（14・06）
靖国通りの浅草橋交差点近く。南を見る。右は近世からの町家街区の道、左は震災復興計画でできた幹線道路。軸線がずれたため三叉路が生まれた。

6大阪市北区大阪駅周辺（13・08）
阪急百貨店前の三叉路。一八七四年に梅田停車場（現JR大阪駅）が造られたとき、周囲は大坂城下町の北のはずれ、曾根崎村だった。駅周辺の不規則な道路パターンはその頃の名残。

7前橋市銀座通り（16・04）
北西を見る。城下町時代以来の三叉路。北通りが緩やかにカーブしているのは、北を同様にカーブして流れる広瀬川（利根川の旧河道でもある）の影響だろう。

って名古屋・金山・鶴舞・千種という鉄道駅はいずれも台地の縁に立地しています。そして、台地のちょうど中央部を東西に横切るように防火路線として戦後、若宮大路が造られました。

名古屋の地形がすべてこのような都市の変化を導いているのです。あたかも都市そのものが「構想力」を持って、その後の変化を誘導しているように感じるのはわたしだけでしょうか。

ただし、だからといって都市生活者は何もしなくても必然的になるようになると考えてはいけません。わたしたちの意思をも包含して、都市自体が動いていく、と比喩的に表現しているということは、わたしたち自身が、都市の必然に沿って動いていくような関係で、都市生活者と都市とが結ばれている場合のことです。わたしたちはそうした幸せな関係を都市と結べるように、努力していかなければならないということに変わりはありません。

＊＊＊

こうした都市を擬人化する視点を持つことは、まちづくりにおいて、どのような利点を持っているのでしょうか。

8横浜市中区中華街（13・11）
中華街の北西の入り口付近。中華街の軸線が異なるのは新田開発の時期が一九世紀初頭と周囲より少し早かったため。それが三叉路を生んだ。正面に建っているのはなんと中華風の公衆トイレ。

9那覇市平和通り商店街（15・08）
南東を見る。国際通りから東側には戦後に自然発生的に生まれたアーケード街が多い。平和通り商店街もそのひとつ。南に向かって湾曲した通りを進むと、アーケードのある珍しい三叉路に出会う。

海外の三叉路
日本と比較すると、建物がより積極的に三叉路を意識していることがわかる。建物正面が三叉路を向く、ストリートファニチュアをしつらえる、小さな祠を配置するなど、さまざまな工夫がこらされている。組積造建物の場合、不定型な敷地形状にあわせて建物の平面を自在に変えることができる点が日本の建物と異なっているからだろう。

海外の三叉路

10 フィレンツェ　(2014.11)

12 イスタンブール（2016.10）

11 カトマンズ（2012.07）

13 ローテンブルク（2009.05）

ひとつは、まちづくりにかかわる人々の意識を相対化し、より広い視点から自分たちの立ち位置を見つめなおすことにつながります。独善的になることを回避し、都市のこれからのたどる道を考えるという意味で、おおきな方向感覚を持つことにつながると言えます。

自分たちの住む都市がどのような課題を有し、個々の都市空間がその課題解決に向けてどのような工夫をしてきているのか、いないのか、を客観的に見つめることによって、まちづくりの方向感覚を失わずに進むことができるのです。

都市はみずからの構想のもとに育っていくものだとするならば、個々人の努力は小さなものですが、都市の「構想力」を読み解き、その流れに沿って、都市生活のあり方をより良いものにしていくための努力を払うことは、けっして不毛なことではありません。むしろこうしたおおきな視野を持つことによって、都市という書物の物語のなかでわたしたちの時代や、わたしたちの生活が語るべき章のあらすじが見えてくるのではないでしょうか。

そして、現実に抱えている問題をどのようにとらえ、どのような方向に、どのような手段でクリアしていくべきかといった方向感覚、あるいは現場感覚が鍛えられるのだと考えます。

10フィレンツェ（14・11）
三叉路の正面にむけて、路上には噴水を置き、上階にはベランダを設け、三叉路の小広場を見渡せる小部屋までデザインしている。

11カトマンズ（12・07）
三叉路の小広場にはヒンドゥーの神々のための祠が用意されている。祈りの場と広場の喧噪とが入り交じり、混沌としたアジア的雑踏を形づくっている。

12イスタンブール（16・10）
伝統とモダンとが入り交じるようなイスタンブールの三叉路。まさしくアジアと欧州とのクロスロードにふさわしい光景でもある。

13ローテンブルク（09・05）
ドイツ小都市の典型的な街角の風景。建築は伝統的な様式を踏襲し、三叉路はデザインの主要なモチーフとなっているわけではない。むしろ地形の高低差が魅力的な三叉路を生み出す要因となっている。

都市から学んだこと

その4

すべての都市は異なる

したがって、すべての都市は異なっている。
異なっていることに理由があり、それぞれに意味がある。

坂道

1 奈良市東大寺二月堂周辺 (2014.10)

2 金沢市宝町（2010.10）

3 島根県雲南市吉田町吉田（2016.05）

都市のおかれた状況は、当然ながら、それぞれに異なるのですから、都市の有する「構想力」の中身も異なり、その結果生まれてきた都市空間そのものも、都市ごとに異なっています。それが当然なのです。そして、それこそが個々の都市が持つ個性なのです。

都市の個性とは、たんに他所にない固有の風物があるとか、故事を有するといったことを指しているのではありません。都市の個性とは、異なった環境における解の積み重ねの結果、現れてきている都市の表情のことなのです。ひとつの都市と同じ環境の都市というものはあり得ないのですから、それぞれの都市における環境への応答が異なった形をとることはごく自然なことです。それが都市の個性を形作るのです。

むしろ重要なことは、環境への適切な応答の仕方自体が、その都市の価値を生み出してきたということです。だから、すべての都市は異なっていることに理由があり、それぞれの違いにこそ、価値があるのです。それが都市の個性というものです。

ちょうどそれぞれの人に個性があるようにそれぞれの都市にも個性があるのです。違っている個々人が結集することによって、社会に豊かな多様性が生まれます。都市も同じです。違っていることに意味があり、違っていることが良いのです。

勾配のある風景

勾配のある地形の必然をたんに克服するだけでなく、そこに視界が変化していく空間の魅力を活かそうとした造形の粋を見ることができる。階段にも様々な意匠があり、昇降の苦労を忘れさせる工夫が凝らされている。

坂道

日本の地形は全体に平地が少なく、高低差のある坂道が多い。坂上と坂下では都市の機能も異なり、そこをつなぐ通りも個性的なものになり易い。

1奈良市東大寺二月堂周辺（14・10）
東大寺境内を西の大仏殿の側から二月堂へ向かう坂道、二月堂裏参道。南東を見る。正面の大屋根が二月堂。両側に東大寺の塔頭の土塀が続く。

2金沢市宝町（10・10）
宝町から天神町へ小立野台地の北縁を下っていく坂道。北を見る。台地上の縁には社寺が立地している。

ここで三たび、名古屋に登場してもらいましょう。

名古屋と構造が似ている都市として、静岡と鳥取をとりあげます。いずれも県都ですし、城下町です。そしてお城の近くに今も県庁舎が立地しています。しかし、三都市はそれぞれにまったく異なった顔を持っているのです。

まず、静岡です。

静岡は徳川家康が晩年に建設した都市として、名古屋とともに有名です。お城を北に配置して、南側にグリッド状の街区構成で、一辺が京間五〇間の正方形の町家街区が配されています。このようにふたつの都市はとても似た出自と構造を持っており、兄弟都市とでも呼べるくらいです。

その後の近代化のプロセスもよく似ています。城内が軍用地となり、そこが戦後に公園化されました。お城の近傍に公共施設が集中しています。駅は既成市街地近くに開設され、駅と都心とを結ぶいわゆる駅前通りが建設されました。駅前通りは、名古屋では広小路通でしたが、戦後は桜通がその役目を担うことになりました。静岡では御幸通りと呼ばれる大通りが駅と県庁周辺とをつないでいます。

両都市ともに戦災を経験していますので、復興計画の中で都市が改造

3 島根県雲南市吉田町吉田（16・05）
かつてたたら製鉄で栄えた吉田村の中心部。近くには鉄山師田部家の住宅と土蔵群もある。ゆるやかな上り坂が続いている。

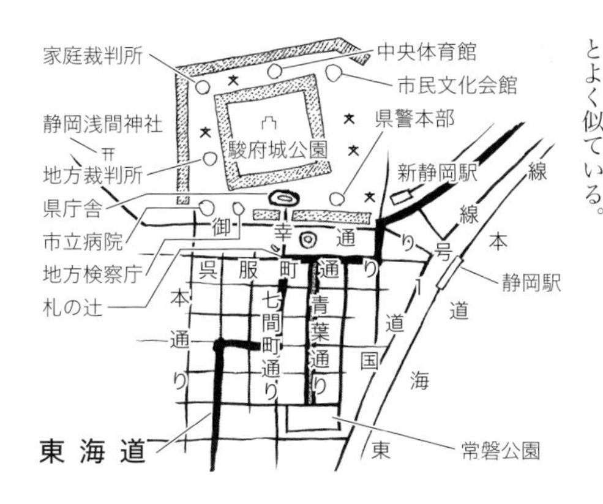

静岡の都市模式図
駿府城に向かって東海道が西から進入し、突き当たって呉服町通りを右折して東進する。町人地のグリッドパタンが名古屋とよく似ている。

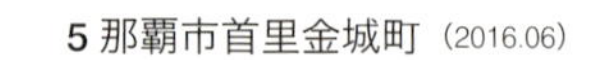

4 平戸市鏡川町（2008.12）

5 那覇市首里金城町（2016.06）

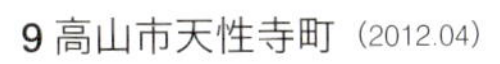

8 栗東市観音寺（2011.10）

6 富山市八尾（2004.03）

9 高山市天性寺町（2012.04）

7 京都市東山区八坂上町（2018.06）

されてきたという歴史も似ています。従来のグリッドを活かした戦災復興の計画そのものも、よく似ています。

このようにとても良く似た構造をもっている名古屋と静岡ですが、賑わいの中心ということになると全く別の話です。名古屋の商業的な中心は江戸時代には交差点名で言うと、本伝馬町通本町でしたが、明治から大正にかけては広小路本町に移ります。そして昭和戦前以降は広小路大津通すなわち栄に移り、現在では名古屋駅前が伸びてきています。

名古屋の都心がこのように目まぐるしく変遷してきているのに対して、静岡では東海道の高札場があった札ノ辻が現在もなお、賑わいの中心地、少なくともそのひとつとして元気です。

この違いはどこから来るのでしょうか。

おそらくは都市の規模の違いやそれぞれの都市の発展を担ってきた人々の気質の違いなのかもしれませんが、この違いこそ都市の個性だと言えると思います。よしあしを超えて、都市の物語はそこから出発するのです。

次に鳥取と比べてみましょう。

名古屋と鳥取はいずれも城下町ですが、都市の造られ方はまったく異なっています。鳥取は戦災にも遭っていません。ここではその詳細に触

4平戸市鏡川町（08・12）
平戸城下町の西縁、寺院群の奥に平戸ザビエル記念協会の塔が見える坂道の風景。西を見る。

5那覇市首里金城町（16・06）
八二頁の金城村屋のやや上手にある石畳の坂道。南の市街地を見る。一五世紀にさかのぼる古くからの坂道。

6富山市八尾（04・03）
おわら風の盆で知られる越中八尾の集落は、井田川南岸の河岸段丘の上に立地している。段丘崖に背を向けて西町の建物が建っている。

7京都市東山区八坂上町（18・06）
八坂の塔を西を見ながら、坂を下る。塔を正面に見ながら直線的に上る八坂通の坂とは異なり、自然な坂道を自由に下り降りるような自由さを感じることができる。

8栗東市観音寺（11・10）
琵琶湖東岸の行き止まり集落の坂道。東を見る。このさきに山村集落の名の由来

れる余裕はありませんが、ひとつおおきな共通点として、駅と県庁舎が主要な都市軸を介して向き合うということがあります。

残念ながら、名古屋の場合、こうした都市構造は戦前に県庁舎が移転したことによって失われましたが、鳥取ではいまだに健在です。若桜街道を都市のタテ軸として鳥取駅と鳥取県庁舎が正面を向いて正対しているさまは、考えるだけで壮観です。これこそ、近代が生み出した都市の構想なのです。

そして重要なことは、鳥取の場合、一九四二年の地震と一九五二年の大火によって大災害を被ったにもかかわらず、若桜街道はそのたびに都市軸として拡幅強化され、ついには見事な耐火の集合建築による防火路線帯が実現していることです。この通りは、現在も健在で、日本初の防火路線帯がアールデコ風の高いレベルのデザインを実現させていることで全国に注目されています（一八頁の写真5鳥取市若桜街道参照）。

鳥取の個性は、名古屋と比較してみると明らかです。若桜街道の両端に駅と県庁舎を持つという近代の統治と開発の構想を見事に体現し、それを長年かけて強化してきた歴史そのものが個性を物語っています。こうして鳥取と名古屋は共通点もあるものの、現在ではことなった構想を生きており、そこには理由があり、意味があるのです。そしてそのこと

となった観音寺がある。坂道を振り返ると琵琶湖を望むことができる。

9高山市天性寺町（12・04）
高山の旧市街地の東側を流れる江名子川沿いの空町（そらまち）と呼ばれる地区の小さな坂道。東を見る。奥の東山へと続く坂道。

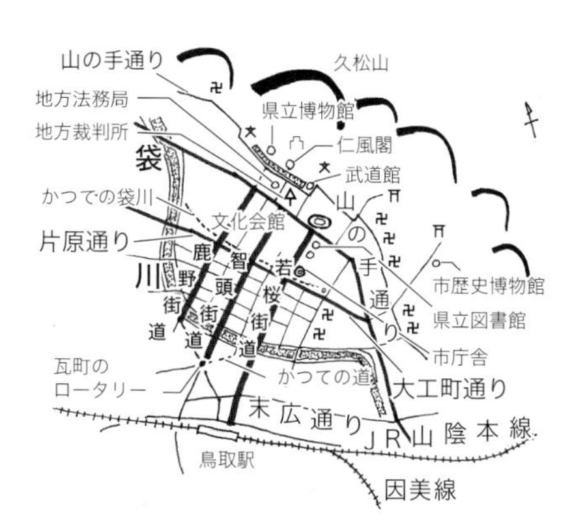

鳥取の都市模式図
鳥取は久松山麓から徐々に南西に向けて拡張してきた城下町。それを貫くように三本の街道が山に向かっている。

10 長崎県対馬市厳原町万松院（2014.02）

11 長野県南木曾町妻籠（2014.06）

12 鹿児島市南洲公園入り口（2008.03）

がそれぞれの都市の個性をかたちづくっているのです。

＊＊＊

都市の個性をいかに磨き上げるかということは、まちづくりのおおきな目標のひとつです。

ところが、特別な名所や名物を持っている都市は別として、多くの都市の場合、自分の住んでいるところはあまりにも当たり前の存在なので、その個性には気づきにくいものです。それよりもほかの都市にあって自分の都市にないもののほうが先に目についてしまいます。あるものに気づくよりも、ないものに気づくほうが易しいからです。都市空間の場合、できてきたものに気づく人は多いのに、失ったものに気づく人は限られているのと対照的です。

都市は相対評価するのではなく、絶対評価しなければなりません。相対評価して、序列をつけたところで、都市の個性が磨かれるわけではありません。何か政策を打ち出すうえでは他都市と比較して劣っているということは、政策を立てる理由とはなるでしょうが、ここで訴えたいのはそのようなことではありません。

階段
さらに急な坂道は階段となる。高低差とそれがもたらす眺望とが都市空間にドラマチックな変化を与える。

10長崎県対馬市厳原町万松院（14・02）
対馬藩主宗家の墓所がある厳原の万松院。御霊屋（おたまや）へ向かう百雁木。一三二段の石段の古くからの道と森厳さを感じさせる深い杉木立。

11長野県南木曽町妻籠（14・06）
斜面地に立地した宿場町には高低差を無理なくクリアするための細かな意匠が凝らされている。写真では左手の斜路と右手の階段のいずれかを選べるようになっている。

12鹿児島市南洲公園入り口（08・03）
西郷隆盛をはじめとして西南戦争の犠牲者の墓地がある高台の南洲公園に上る階段。西を見る。

では、都市を絶対評価するためには、何をどうやればいいのでしょうか。

ここまで述べてきたように、都市をひとつの書物として捉え（書物だとすると、似ている本には価値がありませんね）、その「構想力」に想いを馳せ、それがいかにして固有の都市を生み出してきたかを知ることです。あらゆる都市はこうした都市空間生成の物語に満ちています。

そうした物語を知れば、ほかの都市と比較することがいかに不毛なことなのか、すぐにわかると思います。むしろ重要なのは、その都市にしかない個性を磨くことなのです。

これは都市の問題だけには限りませんが、ある課題を乗り越えるために、弱みをなくすための戦略を練る作戦と強みを伸ばす作戦とがありえます。弱点克服の戦略に関しては、なぜそのことを現時点でおこなわないといけないのかについて、説明が比較的やりやすいのですが（なぜなら困っている人が存在するから）、強みを伸ばす戦略は、なぜ今の時点でおこなう必要があるのかが説明しづらいので（なぜなら困っていないのならば、ほかに緊急の課題があるのではないかと指摘されてしまうため）、結果的に避けられる傾向にあるように感じます。

しかし、対象が都市である限り、まずは強みを活かすことから出発す

13金沢市東兼六町（10・10）
兼六園に隣接する東側の地区、松山寺わきの八坂（はっさか）。小立野台地を東から直線的に上る長い坂。スロープとの組み合わせ。

14新潟県佐渡市相川長坂町（09・08）
長坂は相川の上町と下町を結ぶ主要幹線。直線的で急な階段を上りきったところから復元された相川奉行所（国指定史跡）まですぐである。階段の下には旧相川税務署（国の登録有形文化財）の洋風建築が建っている。

15文京区目白台一丁目（06・11）
胸突坂。神田川の北岸の段丘を上る非常に急な坂。左手は肥後細川庭園・永青文庫のみどり、右手は椿山荘（旧山県有朋邸）のみどり。

14 新潟県佐渡市相川長坂町（2009.08）

13 金沢市東兼六町（2010.10）

15 文京区日白台 1 丁目（2006.11）

17 和歌山市雑賀崎（2016.08）

16 長崎市玉園町（2012.05）

18 熊本市京町 2 丁目（2013.12）

べきだというのがわたしの主張です。ここまで本書をお読みいただいた読者には容易にたどり着ける結論だと思います。とりわけまちづくりに関してはそう思います。

もちろん、都市の弱みを克服するための施策が不要だというわけではありません。これは都市行政の主要課題です。ただし、まちづくりの主要課題は別にあることが多いのです。

その都市が有する「構想力」を語り、都市の個性の先に、まちの将来の可能性を見出していくことが人々に活動のエネルギーを与えてくれるからです。

ここまでの4章は、都市そのものを見る見方について述べてきました。次からの2章は都市に住む人について述べることにします。

16長崎市玉園町（12・05）
筑後通りから北の山側を見る。寺町界隈。住宅の奥には墓地がひろがっている。旧市街地のエッジの部分。さらにその奥に建つホテルが見える。

17和歌山市雑賀崎（16・08）
南下がりの急な斜面に立地する漁業集落。緊密な空間構成を持つ集落内部には縦横に階段状の細い道が通っている。

18熊本市京町二丁目（13・12）
京町台の西縁から西を見る。台地の上は城下町時代からの市街地。すぐ南には熊本城が位置している。

都市から学んだこと

その5

魅力的な人と都市

魅力的な都市には魅力的な人が住んでいる。
魅力的な人が住んでいる都市は魅力的になる。

1 岐阜県高山市・高山祭（2007.04）

2 岐阜県飛騨市・古川祭（2014.04）

3 富山県高岡市・伏木曳山祭（2016.05）

4 福井県坂井市・三国祭（2008.05）

前章では「ないない」と嘆くのではなく、「あるある」と自慢することから始まるまちづくりのことを述べました。このことは多くの人が指摘していることでもあります。

さらにその続きを語るとすると、「あるある」と地元の個性を再発見し、多くの人に元気を与えてくれるような視点をもつことが大切です。そうした視点をもった人物こそ、魅力的な人物だと思います。そしてそのような魅力的な人は、（少なくともそうした志向性を持った人物は）じつはどの都市にも必ずいるのです。重要なのは、そうした人びとを中心にした、元気の出る楽しげな組織がどのようにしたら生まれるのかということです。

そうした人物とは、都市の中での自分たちの立ち位置を謙虚に、しかし明確に明らかにすることができる人のことです。リーダーシップがあるか否か、という問題は二の次です。

一般に、魅力的だと言われている都市には、こうした魅力的な人物が住んでいるものなのです。

なぜなら、魅力的な都市だとされているところは、都市の個性が分かりやすい形で表に出ているところが大半です。そうした都市は住んでいる人々を元気にします。都市の個性に触発されて、都市の物語を前向き

ひとが集まる風景

ひとが集まる場所には、周到に用意された空間の意図がある。都市はそこでのパフォーマンスの効果を最大限にするようなしつらえを備えている。そうした効果が生まれる場所を年月をかけて探し出してきたとも言える。そこはすでに劇場だ。

祭礼

祭礼は都市空間を舞台に変える。都市空間をいかにまつりの舞台として使いこなすかという点で、まつりの意匠は長い時間の中ではぐくまれてきた意図の蓄積でもある。都市の持っている構想力がこのようなかたちで発現している。

1 岐阜県高山市・高山祭（07・04）

春の高山祭（山王祭）では、高山陣屋近くの日枝神社御旅所前でからくり奉納がおこなわれる。この時、中橋公園はまつりの舞台となる。周辺にも劇場空間にふさわしい雰囲気が求められる。

に語る人が多いので、住み手がこうした視点に導かれて、魅力的な将来像を描き、そこへ向けて努力していくような魅力的な人をはぐくむということが起きるからでしょう。魅力的な都市では人々は無自覚ではいられないということが起きるのです。まさに、環境が人を造っているのです。

もちろん、自分のやりたいことが自分がいま住んでいる都市の現状とは直接にはかかわり合いのない人もいると思います。いや、そうした人の方が多数派かもしれません。それはそれでいいのです。気づいた人が立ち上がればいいのですから。

では、都市の個性が見つけづらい都市では、どうでしょうか。魅力的な人が育ちにくい土壌があるのでしょうか。

いえ、実際はそうではありません。魅力的な人がいるということが、魅力的な都市になる要因となっているという例が少なくないのです。

——どういうことでしょうか。

前章で述べたように、個性が何もない都市というものはありえないので、要はその都市の個性をいかに見つけて、物語として育てていけるかということにかかっています。ここで言うキーパーソンとは、都市の埋もれた個性を発見する眼を持っている人のことでもあります。そして、

2岐阜県飛騨市・古川祭（14・04）
気多若宮神社御旅所前で四月一九日夜に行われる起こし太鼓の出立祭の様子。公園が一瞬にして祭礼空間に変化する。この直後、起こし太鼓のエネルギーが爆発する。

3富山県高岡市・伏木曳山祭（16・05）
湊町である伏木のけんか山として知られる。昼間は豪壮な花笠山車が夜になると提灯山車と姿を変える。写真は山車同士をぶつけ合う「かっちゃ」前の口上を述べ合う様子。

4福井県坂井市・三国祭（08・05）
湊町三国の三國神社の例大祭。山車のほか、数多くの露店が出ることで知られている。普段は静かな神社境内が一変する。

5東京都千代田区神田神保町・神田古本まつり（16・10）
古書店が集中するすずらん通りを中心に毎年秋に開催される。一九六〇年に始まった。写真は青空古本市の様子。

5 東京都千代田区神田神保町・神田古本まつり（2016.10）

6 長崎市・長崎ランタンフェスティバル（2008.02）

7 群馬県甘楽町･小幡さくらまつり（1986.04）

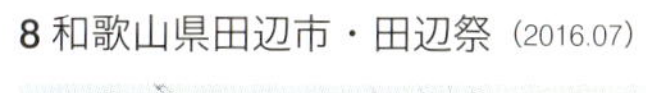

8 和歌山県田辺市・田辺祭（2016.07）

9 石川県小松市・お旅まつり（2005.05）

10 沖縄県竹富町・種子取祭（2004.11）

そうした鑑識眼を持った人はどこにでも必ずいるのです。普段はそうしたセンサーを働かせていたとしても行動にまでは移さない人も多いので、周りが気づかないだけなのです。

もちろん都市の個性が見つけづらい場合には、こうしたセンサーを働かせるのに工夫がいるかもしれませんが、必ず魅力的な都市の物語というものは見つけることができるのです。都市には、長年にわたって多くの人々が住み続けてきました。人々の生活があるところに物語がないわけはないのです。

たとえば、有形の都市空間でも目を凝らしてみると面白い物語は見つかるものです。さらに有形という範疇を越えて、無形の文化的側面（たとえば祭礼や信仰の儀礼、年中行事とそこにおける音楽や舞踏、行事食などのほか、各地に伝わる神話や民話、昔話の伝承、食の伝統など）にまで目を向けると、日本は無形文化遺産の宝庫でもあるので、おもしろい物語には事欠かないはずです。

残念ながら、そうした無形文化遺産に関しては、本書の扱う範囲を超えてしまいますが、わたしの経験上、都市の個性というものは必ず見出せるものです。さらに言うと、ひとつの都市で暮らしてきた人々の物語は人々の記憶の中にこそ受け継がれているということもあるでしょう。

6長崎市・長崎ランタンフェスティバル（08・02）
旧正月を祝う春節祭が起源となっている。中国提灯が市内随所に飾られる。写真は中島川眼鏡橋周辺にかかるランタン群。一九八七年に始まる灯籠祭が一九九四年に現在名となった。

7群馬県甘楽町・小幡さくらまつり（86・04）
道路の中央、南北に流れる雄川堰。織田信長の次男信雄が支配した陣屋町。養蚕の集落でもある。桜並木の足下での、古き良き時代の花見の風景。

8和歌山県田辺市・田辺祭（16・07）
闘鶏神社の夏の例祭。まつり初日の宵宮に神社鳥居前参道での傘鉾曳き揃えを待っている。

9石川県小松市・お旅まつり（05・05）
莵橋（うはし）神社と本折日吉神社の春の例祭。曳山子供歌舞伎で知られている。普段はひとけの少ないアーケード街がこの日は熱気あふれる劇場となる。

空間のなかにも、無形の活動の中にも物語の手がかりが見いだせなかったとしても、人々のこころの中にそうした物語の手がかりが残されていると言うことも少なくありません。

受け継がれた記憶を受感するためには、こちらのアンテナが高く保たれている必要があります。そんな感受性を保っていることも魅力的な人に共通してみられる個性だと思います。

このようにして、魅力的な人が住んでいる都市は魅力的になるのです。そしてその可能性は全国に広がっています。

＊＊＊

ここで述べていること自体が、まちづくりの要諦でもあります。自分の住んでいる都市にどのような前向きの個性や物語を見出していけるのか、そこが問われています。

ところが一方で、都市とかかわるなかで人そのものが魅力的になっていくということがあります。都市とかかわるということは都市コミュニティとかかわるということでもあります。人間とかかわる中で都市を見る目も鍛えられていくのでしょう。

10沖縄県竹富町・種子取祭（04・11）
清めた土地に種をまくことに由来する古来の儀式、まつり。写真は庭で奉納される芸能。九日間にわたり、島じゅうまつり一色となる。

賑わいの風景
ひとが集まるところには、場所自体が持っている磁力のようなものがある。それは個々の商店からも発散されるが、それ以上にその場所の持つ都市構造上の意味が大きい。地形や歴史、さらには都市空間に付着したひとの営みの無数の手がかりが、魅力の源泉になっている。ひとはそれを敏感に感じとる。おもに大都市や観光地を中心に紹介する。

11横浜市中区海岸通二丁目（13・10）
象の鼻パーク。開港一五〇周年を記念して、二〇〇九年に開園した。近くの横浜赤レンガ倉庫での横浜オクトーバーフェスト時の賑わい。

賑わいの風景

11 横浜市中区海岸通 2 丁目（2013.10）

12 東京都渋谷区宇田川町（2006.05）

15 神戸市中央区南京町 (2012.12)

16 兵庫県豊岡市出石町本町 (2013.12)

13 東京都新宿区神楽坂 (2011.06)

14 神奈川県藤沢市江の島 (2018.06)

魅力的な都市コミュニティが生まれることで、ひとは生きがいを見出します。生きがいが見いだされた都市こそが、魅力的な都市なのです。また、魅力的な人は自分の住む都市の魅力を見つけることも上手なものです。人と都市とはこうして抜き差しならぬ関係にあるのです。

ちなみに、ここで言う魅力的な人の都市の中での立場はさまざまです。まちなかで商売をしている人のこともありますし、まったく別の仕事をしている人の場合もあります。仕事をリタイアしたあとにこうしたまちづくりの現場に参入してくる人もあれば、一介の主婦という場合もあります。冒頭に紹介した小樽の峯山冨美さんはそうでした。

じつは主婦というのは、人にもよりますが、他の人を見るときに、肩書きではなく、その人の本性的な人間力を見抜く目を持っていることが多いように思います。自分が肩書きに頼って生活してきているわけではないからなのでしょう。他所から嫁いでこられることも多いので、都市を比較する眼も持っています。

またある場合には、地元の行政マンということもあります。行政職員というのは、ある意味、こうしたまちづくりを職業としているともいえるので、熱心な人は必ずいるものです。行政のトップがこうした感覚を持ってくれていると話ははやいと言えます。

12東京都渋谷区宇田川町（06・05）
スペイン坂近くの井の頭通り。左手の道はかつての渋谷川、右は農道だった。谷地形のため、合流点のような三叉路。

13東京都新宿区神楽坂（11・06）
かつては毘沙門天善国寺の門前町、のちに背後の武家地が分割され、路地を持つ市街地となった。一部は花街となった。

14神奈川県藤沢市江の島（18・06）
地形の変化に富み、参道から辺津宮、中津宮を経て沖津宮へといざなうように門前町が続いている。写真は山ふたつと呼ばれる断層帯。

15神戸市中央区南京町（12・12）
一八六八年の神戸港開港のあとすぐに旧居留地に接して西側に形成された華人街。写真は年の暮れの賑わい。

16兵庫県豊岡市出石町本町（13・12）
但馬の小京都と呼ばれるちいさな城下町。大手前通り、北を見る。右手は出石城下町のシンボル、辰鼓楼。

都市から
学んだこと
その6

堂々たる日常

堂々たる日常を確信をもって過ごせ。
そして「その時」に備えよ。

1 盛岡市盛岡八幡宮参道（2017.07）

2 宇都宮市二荒山神社参道（2009.12）

3 さいたま市氷川神社参道（2010.08）

4 甲府市武田神社参道（2016.04）

前章では、都市の個性を見出すことにたけている「魅力的な人」ということに触れました。では、どのようにすると一般の都市生活者が「魅力的な人」になれるのでしょうか。「魅力的な人」とは、何が普通の人と違うのでしょうか。また、そのような人はどこにでもいるのでしょうか。どうやって見つけるのでしょうか。

まず最初に言っておきたいことは、わたしの経験から判断する限り、リーダーシップのある人がいつもリーダーとして活躍しているわけではないということです。これは現在のリーダーにリーダーシップがないということを言っているわけではありません。逆です。普段はつつましく日常の生活を送っている人の中にこそ真のリーダーシップを持った人がいる、ということを言いたいのです。

町並み保存運動と並走してきたわたしの経験から言うと、町並み保存運動のリーダーたちは、ある時点で切羽詰まって町並み保存運動をやることとなり、次第にリーダーとして認められるようになった人たちが大半で、それまでは日常の人として地域で根を張って生活をしてきた人たちでした。

つまり、日々の日常を過ごしてきた人が、ある時に都市の物語と巡り合ったのです。そして、それまでの日常も、周囲の方たちに信頼される

参道の風景

都市の中から社寺に向けてまっすぐ伸びる参道は、左右対称の強力な信仰軸を示している。日本の前近代の都市空間でこれほど直線とその先のアイストップが強調されるのは信仰軸以外にはほとんどない。

神社の鳥居が聖域の存在とその境界を見事に表現している。こうした信仰の空間が周辺の街路やひろく都市空間とどのような関係のもとに立地してきたかを見ると、祈りの場とそこへ向かう道をいかに構成しようとしてきたのかという古えの人たちの意図が見えてくる。

ここでは特に都市構造との関係から参道空間を見ることにする。

1盛岡市盛岡八幡宮参道（17・07）
一六八〇年の八幡宮造営の際に、奥州街道と直交して参道となる八幡町が、周囲の水田を埋め立てて造られた。明治以降は茶屋町として栄えた。

立派な日常だったと容易に想像できます。そうでなければ、誰も信頼のおけるリーダーとはみなしてくれないからです。
　日常生活を送っていた時に、のちにリーダーとなる人たちは、鬱々とした日常を送っていたのでしょうか。いやそうではありません。彼らの日常はじつにさっぱりした、当たり前の日常だったのです。そして、そうした日常をしっかりと自信をもって過ごしてきたのです。何も臆することもなければ、何に不満をぶつけるわけでもなく、謙虚に、しかし堂々と日常を送ってきていたのです。
　おそらくそこには市井の人として誠実に生きるという信念があったのだと思います。その姿勢が、周りの人の心を打つのです。
　つまり、市井の人として黙々と生活している都市生活者の中に、瞠目すべき人材が少なからずいるのです。それが都市というものなのです。そしてそれらの人々は、事が起こらなければ、そのまま善良な一市民としての生涯を終えることになったはずです。あるいはまったく別の目標に向かって人生を送っていくことになったことでしょう。——それはそれで見事な人生だと思います。
　ところが、そうした日常を送るだけでは済まなくなるような事態に直面した時、すわなち「その時」が来たら、他人の目を気にしてしり込み

2宇都宮市二荒山神社参道（09・12）
宇都宮南部丘陵の南の尖端部に立地している二荒山神社は、南を正面として、前面にバンバ通りと呼ばれる参道を持つ。写真はバンバ通りから北を見たところ。通りに直交して奥州街道、現在の大通りが通る。

3さいたま市氷川神社参道（10・08）
門前町のち宿場町大宮の名前の由来となった神社。中山道から分岐して真北に向かって氷川神社のケヤキ並木の参道が二kmにわたって続く。手前は二の鳥居、奥に小さく三の鳥居が見える。

4甲府市武田神社参道（16・04）
甲府盆地の北縁に位置する武田神社は中世の武田氏三代の居館跡。甲府駅から北北東に向かってまっすぐに参道である武田通りが延びる。むしろ、この中世からの小路の正面に駅を置いたのだろう。

5 高山市桜山八幡宮参道（2017.08）

6 新潟市白山神社参道を兼ねる上古町の通り（2010.08）

7 小浜市八幡神社参道（2016.05）

8 鯖江市松阜神社参道（2017.05）

することなく、正々堂々と立ち上がって、自らの責任のもとに行動をおこすことになるのです。別に「その時」のために特別に備えているわけではないのですが、心構えができているので、「その時」に備えることになっているのです。それまではしっかりと日常を誠実に生きているような人々です。

わたしはこのことを小樽の峯山冨美さんから学びました。

若いころ峯山さんは、ご主人の考古学者で当時は高校教諭だった峯山巌さんとともに道内を何度か転勤していたそうです。ある時、別件で伊達市の北黄金貝塚を訪れた際、この貝塚は巌さんが指導する伊達高校の郷土研究部によって一九五〇年代に最初に発掘されたということを知りました。いまでは見事に整備され、美しい公園となっています（写真）。また、北海道・北東北の縄文遺跡群の構成地のひとつとして世界遺産にも登録されようとしています。

雄大な北黄金貝塚公園の丘に立ち、この風景を若き冨美さんも見ていたであろうということを考えると、胸が熱くなってきたことを覚えています。もちろんそのころの冨美さんは小樽運河保存運動にも出会っておらず、一介の主婦だったわけです。しかし、だからといって冨美さんの偉大さは変わらなかったはずです。人間的なやさしさに満ちて、巌さん

5 高山市桜山八幡宮参道（17・08）
秋の高山祭で知られる桜山八幡宮。東山の西縁に建つ。下町の参道から東を見る。奥に東山のみどりが見える。

6 新潟市白山神社参道を兼ねる上古町の通り（10・08）
一六五〇年代に新潟の湊町が現在地に計画的に移転された際、白山神社はもっとも上流側に置かれ、都市建設の起点となった。古町通は神社へ向かう参道でもあった。

7 小浜市八幡神社参道（16・05）
小浜の西組は南に位置する後瀬山の山麓に寺町がひろがる。八幡神社の社殿も北の小浜湾を向いて立つ。丹後街道との交差点から南東を見る。

8 鯖江市松阜神社参道（17・05）
松阜（まつおか）神社はＪＲ鯖江駅近くの旧市街地中心部にある小さな神社。明治初期に旧藩主の別邸屋形跡に造られた。時代の変革期に、境内と参道や市街地が渾然一体となって造成された様子がうかがえる。

北黄金貝塚公園（伊達市）

北黄金貝塚公園は峯山巌・冨美夫妻が40代に見ていた光景を伝えています。公園に佇みながら、ゆるぎない日常をおくったふたりの若き日々に想いを馳せてみたいと思います。

9 奈良市春日大社参道（2015.08）

10 神戸市生田神社参道（2017.02）

11 福山市鞆の浦沼名前神社参道（2016.10）

12 愛媛県西予市宇和町光教寺参道（2008.10）

を支えていたことでしょう。
　では、その後、冨美さんが小樽運河の保存運動と出会わなかったら、冨美さんはどういう人生を送っていたのか、おそらくは日々、誠実に暮らしを続けていったでしょう。北黄金貝塚公園のような風景がそうした峯山家の生活を見守っているのです。その温かさで周りの人に信頼され、せまい世界の中ではあっても充実した人生を送っていったことでしょう。それはそれで偉大な人生だったのではないでしょうか。
「その時」に出会ったかどうかではないのです。「その時」のために、どれだけ日常をしっかりと生きてきたか、それが大切なのです。その態度が「その時」に備えることになるのです。その意味では、「その時」とは、あるいは日々の暮らしの中にこそ、あるのかもしれません。
　わたしもそういう風に日常を生き、そういう風に死んでいきたいと思います。
　こんな尊敬すべき市民が、じつは都市の中には少なからずいるのです。こうした静かな覚悟を持っているということが、一人前の市民であるということのひとつの姿なのだと思います。
　わたしたちそれぞれにとって、「その時」とは今なのかもしれませんし、ある日突然やってくるのかもしれません。あるいは、「その時」だとは気

9奈良市春日大社参道（15・08）
古都奈良の東西を貫く幹線、三条通りはそのまま春日大社の参道でもある。東を見る。正面に見えるのは一の鳥居。左手は興福寺の境内。神仏習合がそのまま風景となっている参道でもある。

10神戸市生田神社参道（17・02）
生田ロードとも。周辺一帯が生田神社の神領だった。これが神戸の名前の由来となる。北を見る。正面に見えているのが二の鳥居と三の鳥居。一の鳥居は手前の高架鉄道と三宮センター街のアーケードのさらに南、旧西国街道際に立つ。その南が旧居留地。

11福山市鞆の浦沼名前（ぬなくま）神社参道（16・10）
西側に迫る山の麓に社寺が建ち並んでいる。なかでも沼名前神社は『延喜式』神名帳に載る式内社で、東から西を向く参道も直線的で幅が広い。狭く入り組んだ道が多い湊町では例外的な景観といえる。

12愛媛県西予市宇和町光教寺参道（08・10）
卯之町中町の山側に位置する光教寺への参道。北を見る。寺は町家の通りから奥

づかず、やり過ごしてしまうかもしれませんし、「その時」はまったくやってこないかもしれません。あるいは、「その時」に備える日々の生き方が、「その時」を生み出すのかもしれません。

「その時」に出会ったとしても、出会わなかったとしても、確信を持って堂々と日常を過ごしている人は偉大なのです。「その時」に備える心があるとしたら、日常を退屈だと思うこともないでしょう。日常を退屈だと思う心が退屈を生み出すのです。

＊＊＊

本章は都市に住むことの心構えを述べているとも言えますし、人と接するときの心構えを述べているとも言えます。

どこにでも偉大な日常人はいるのです。偉大な人とは、静かな日常を送りつつ、一旦ことがあったら立つ、という人のことです。都市の物語はそうした人によって支えられているのです。

そして、まちづくりもまた、そうした偉大な日常人によって支えられています。

よく「まちづくりはひとづくり」と言われますが、これもまちづくり

まった山ぎわに建てられている。オモテに町家の町並みがあり、オクに寺院がある。一帯は二〇〇九年に重要伝統的建造物群保存地区に選定された。

13神奈川県藤沢市江の島（18・06）
江島神社の参道。南を見る。弁才天仲見世通りと呼ばれるレトロな商店街。江の島は信仰の島であると同時に景勝の行楽地でもある。

14長野市善光寺参道（12・04）
善光寺の仁王門を入ったところ、正面に見えるのは山門。仲見世通りと呼ばれる。一七〇七年に現在の本堂が建立されるまでは仁王門の所に本堂があった。このあたりかつての堂庭。石畳も現本堂建設と同時代に敷かれた。

15 福井県越前市総社大神宮参道（2017.05）

13 神奈川県藤沢市江の島（2018.06）

16 長崎市諏訪神社参道（2012.05）

14 長野市善光寺参道 （2012.04）

17 福岡県太宰府市太宰府天満宮参道（2009.04）

18 大分県宇佐市四日市門前（2018.03）

の過程で人間が成長するという側面と、将来を担う人材づくりがまちづくりの究極の目的であるという側面があります。ひとがまちを造るのですから、ひとづくりがまちづくりの根底にあることは疑いがありません。

さらに言えることは、偉大な日常人はわたしたちの身の回りにすでにいるということです。これは生きる姿勢の問題です。同じ姿勢を持った人同士は共鳴しあえるのです。まずは自らの姿勢をもう一度見直してみる必要があるかもしれません。

ここまで、都市について（4章）、都市に住む人について（2章）と述べてきました。最後の4章は、都市を学ぶ人に贈ることばです。

15福井県越前市総社大神宮参道（17・05）
JR武生駅をおりて、正面に位置している。西を見る。左右に走る南北路は北国街道。このあたりに越前国府があったといわれている。

16長崎市諏訪神社参道（12・05）
長崎は一五八〇年にイエズス会に寄進されたため、一時期社寺は破却された。のち、鎮西大社諏訪神社は一六五一年に現在地に建てられている。急斜面に多くの鳥居が建つ。北西を見る。

17福岡県太宰府市太宰府天満宮参道（09・04）
東を見る。参道は東進し、突き当たって左に折れ、心字池を越えて北進する。天満宮は南に向かって建つ。古代政庁の大宰府はここから西約二kmほどのところ。

18大分県宇佐市四日市門前（18・03）
東本願寺四日市別院（東別院）に向かう参道。西を見る。正面奥は山門。東別院はかつて九州御坊とも呼ばれた。近くに本願寺四日市別院（西別院）もある。

都市から学んだこと

その7

最適解に至る道がある

都市には構想力に基づく最適解がある。
都市に普遍的な真理はないが、最適解に至る道には真理がある。

川端

1 山口市一の坂川（2015.08）

2 盛岡市中津川（2017.07）

3 前橋市広瀬川（2016.04）

第4章で述べたように、すべての都市は異なっており、むしろ異なっていることに価値があるのですから、都市を学ぶということは単一の真理を追究するというよりも、多様性を横つなぎに学んでいくという側面が強いことになります。

多様なものを横並びにしながら、その中に学問的な真理を見出す、ということはどういうことを意味しているのでしょうか。「何でもあり」では論理になりません。あらゆる都市を貫く真理、あるいは共通原則がないとすると、何を目指して都市から学べばいいのでしょうか。

まずは、多様な都市を「構想力」という視点で分類したり、比較したりすることが思いつきます。もちろんそうしたことも大切なのですが、それはより根本的なことにたどり着くための方法に過ぎません。では、より根本的なものとは何でしょうか。

わたしの考えでは、それは、「構想力」に基づく都市の解の現れ方に見ることができます。どのようにすれば、都市の多様な条件を満たす最適解への道をたどることができるかということです。その経路は多様でしょうが、都市の「構想力」を理解することによって導かれる現状の姿には共通する姿勢があると言えます。その最適解への遠い道をたどることのなかにこそ、学問的な真理があるのです。

川端と池端の風景

同じ川端の風景と言っても、川の規模や表情によってその印象はおおきく変わる。川端通りのしつらえが、川とひととの関係の遠近を物語っている。それは長年の河川改修の結果でもある。ここにも風景のたくまざる構想力というものを感じる。一方、池端は川端にはない静的な開放感に溢れている。

1山口市一の坂川（15・08）
一の坂川は椹野川の支川。山口市内中心部を湾曲しながらほぼ南北に流れる。御茶屋橋たもと、上流側を見る。川沿いに並木が続き、六月にはホタルが多く見られることで知られている。

2盛岡市中津川（17・07）
東大通に架かる中の橋から上流側を見る。左手に市庁舎が見える。すぐ下流には盛岡城跡が位置し、橋のたもとには盛岡市の道路元標が建っている。文字通り盛岡のへそである。サケが遡上する川としても知られている。

さらに、都市生活に寄り添うように都市に向き合う姿勢をあげることができます。ここにもひとつの共通原則のようなものをみることができます。

こうした学問上のスタンスを持つということから言えることとして、個別の都市の事情に深く潜入することによって見出すことのできる特殊解の中に、各都市に通じる共通解の手がかりがある、ということがあります。逆ではありません。

サイエンスの世界のように共通原理が美しい公式で表現される単一のものであり、個々の事象はそこから説明可能となる、というスタンスとはまったく逆なのです。特殊解を突き詰めることの中でしか、一般解への道筋は見えてこないのです。

だから、特殊解を追い求める辺境への旅を怖れてはいけません。特殊解へ肉薄する迫力が人の心を打つのです。そうした姿勢の中にこそ、最適解に向かう真理があり得るのです。

最近ではコンピュータによるシミュレーションが簡単にできるようになり、さまざまな仮想実験も室内でおこなうことができるようになってきました。しかし、だからといっていつも部屋の中にとどまっていたのでは、人や都市の魅力に出会うことはできません。恐れず、現場に出か

3前橋市広瀬川（16・04）
広瀬川は利根川の支川。盛岡中心部を北西から南東に流れる。朔太郎橋の近くから上流側を見る。左手は前橋文学館。一・二㎞に及ぶ川沿いの遊歩道は広瀬川河畔緑地として戦災復興計画のなかで実現された。

4 高山市宮川（2017.08）

5 愛知県豊田市足助川（2010.03）

8 兵庫県佐用町平福佐用川（1985.06）

9 石川県加賀市旧大聖寺川（2011.05）

6 大阪市道頓堀川（2018.04）

7 京都市鴨川（2010.04）

けることです。現場から学ぶ姿勢を持ち続けることで分かり合える仲間もいるのです。

かつて梅棹忠夫は、「つらぬく論理」と「つらねる論理」という表現で、学問をふたつに分けて見せました。[注] 普遍の真理を目指す学問というのは、まさしく「つらぬく論理」の学問だということになります。これとは別に「つらねる論理」をもとにする学問というものがあるというのです。演繹的な解法に対する帰納的な解法とでも言えるでしょうか。

たしかに、文化人類学や民俗学のような学問を見ると、世界の多様な事象を広く知ることが、より説得力のある奥深い世界観へ至るみちすじとして不可欠であることが理解できます。

また、多くの文科系の学問は、それぞれの文化圏や地域ごとにものごとの認識のあり方を系統立って整理することに力を注がれることが多く、「つらねる論理」のなかに「つらぬく」合理的な解釈を見つけていくことが学問の本質であるようにも思えます。

たとえば、都市と向き合うという本書の関心に近い学問分野として、社会学や地理学、歴史学、考古学などの学問がありますが、これらの学問の基本的なスタンスもそうしたところにあると言えるでしょう。都市もそれぞれに多様なのですから、そうした多様な現場から出発するしか、

注
伊藤幹治『柳田国男と梅棹忠夫―自前の学問を求めて』岩波書店、二〇一一年、九四－一〇〇頁。

4 高山市宮川 (17・08)
宮川は神通川の上流部。高山の旧市街と新市街の境を南北に流れる。江名子川との合流地点にかかる弥生橋より上流側を見る。左手の川沿いの下三之町では宮川朝市が毎日開かれている。

5 愛知県豊田市足助川 (10・03)
足助川は矢作川の支川。真弓橋から下流側を見る。各民地が造成した護岸が連続し、陰影に富む複雑な川沿いの表情を生み出している。足助川を含む周辺は二〇一一年に重要伝統的建造物群保存地区に選定された。

6 大阪市道頓堀川 (18・04)
ミナミの賑わいの中心、戎橋から東を見る。河川区域に張り出した遊歩道、どんぼりリバーウォークは社会実験として二〇〇四年に部分的に供用開始、その後、二〇一一年に河川占用のルールが緩和さ

都市の普遍的な理解へ到達する道はないという意味で、こうした学問と同じ問題意識を共有していると思います。

ただ、都市と向き合うことが、これら隣接分野の学問と異なっていることがひとつだけあります。――それは、都市と向き合うということは、対象となる都市と向き合い、その説得力のある理解を深めるのみならず、その都市の問題や課題に積極的に関わっていくという姿勢が根底に存在するという点です。理解し解釈するのみならず、関与すること、あるいは関与する姿勢が重要なのです。まちづくりというものの本質も同様です。

まちづくりは地域の環境に介入することを前提とした活動です。地域を理解したり、解釈したりするだけでは不十分なのです。

その意味で、これは学問と言うよりも計画技術にちかいとも言えます。ただし、技術と言っても、テクノロジーやエンジニアリングとは異なり、対象との距離がじつに近く、血の通った技術であると言うことができます。

れ、恒久化されて現在に至る。

7京都市鴨川（10・04）
四条大橋近くから北を見る。分流との間に散策に好都合の土手がある。左手には先斗町の建物の背面が見える。ここには夏場、納涼の川床が設けられる。川面を楽しむ長い伝統を感じる風景。

8兵庫県佐用町平福佐用川（85・06）
佐用川は赤穂で瀬戸内海に注ぐ千種川の支川。智頭急行平福駅から程近い佐用川の風景。天神橋から上流側を見る。平福は城下町として造られ、のちに因幡街道の宿場町として栄えた。

9石川県加賀市旧大聖寺川（11・05）
大聖寺城下町は加賀藩の枝藩。旧大聖寺川は外堀を兼ねた本川だった。古くからの街道に架かる福田橋から東を見る。左手に見えるのはかつての武家地。

10 福岡市大濠公園（2013.03）

11 東京都台東区不忍池（2015.12）

12 奈良市猿沢池（2017.02）

まちづくりの現場にも同じようなことが言えそうです。

まちづくりの「まち」はそれぞれに多様ですし、「つくる」と言っても物理的に創造することからソフトなネットワーク構築まで状況によって異なります。つまり、まちづくりの現場でも、単一な手順や公式などというものは存在せず、多様で雑多なそれぞれの現場があるだけです。

しかし、それでもまちづくりの現場には共通して分かり合えるものが存在しています。それは仕組みのデザインであったり、合意形成のプロセスであったり、行政と地域との関係であったり、都市と都市生活者との距離感だったりすると思います。

つまり、まちづくりの具体的な目標に共通性があるというよりも、まちづくりの過程やまちと寄り添うというアプローチの姿勢に共通性があるのです。だからこそ、環境の異なるお互いが分かり合えるのです。

前章で堂々たる日常について触れましたが、根を張った生活者として生きるということが最適解へ至る共通の道でもあると言えます。そこにもひとつの真理があるのです。

＊＊＊

10福岡市大濠公園（13・03）
かつての入り江を福岡城の外堀として取り込んだもの。一九二九年に県営公園としてオープンした。東側の周回路、北を見る。右手は福岡城の本丸跡を中心とした舞鶴公園へと続いている。

11東京都台東区不忍池（15・12）
一七世紀前半に寛永寺の境内の一部が琵琶湖を模して整備されたもの。一八七三年に日本初の公園となった。のち博覧会場や競馬場としても用いられた。かつて宮内庁用地だったので、正式名は上野恩賜公園という。

12奈良市猿沢池（17・02）
興福寺の放生池として奈良時代に造られた池。現在は奈良公園の一部。正面奥に南円堂の屋根が見える。その手前に三条通りが左右に走っている。このあたりの坂を辷坂（すべりざか）という。高低差は社寺地と門前郷の町人地の高さの差でもある。

都市から学んだこと

その8

変化に備えよ

都市はすぐには変化しないが、時とともに確実に変化する。良い変化を生むための仕掛けを注意深く準備し、変化に備えよ。

3 1995.05

1 明治末

4 2003.11

2 1986.09

5 2017.07

瀬戸川沿い

8 2003.11

6 1986.09

9 2011.10

7 1995.03

10 2017.07

都市を対象にものごとを進めていくにあたって、他と事情が異なることに、都市の変化のスピードがじつにゆっくりしているということがあります。ものごとが進むのに数年あるいは数十年かかるということはざらです。さらには、変化のプロセスが何らかの事情で途中でペンディングになったり、沙汰止みになってしまったりすることも特別なことではありません。政治や経済など、外部的な要因でものが動かなくなることも少なくありません。

変化があるとしても、物理的な変化だけでなく、ソフトな仕組みにかかわる変化や、人の慣習にかかわる変化にしても全体に動きがゆっくりで、かつそれほどリニアではないという事情は変わりません。

こうしたことは、他の分野ではあまりないことだといえます。しかし、だからと言って都市が変化しないわけではないことも明らかです。むしろ長い目で見ると、都市の変化には驚くべきものがあります。

さらに都市にかかわる問題は、都市ごとに事情が異なるので、短兵急な一般化ができないことは、前述したとおりです。また、一般的な意味での「実験」も、社会実験などの例を除くと、都市にはあまりなじみません。

では、こうした変化の特性を持っている都市一般とどのように付き合

飛騨古川の風景の移り変わり

飛騨古川の一九八五年から今日に至る街路風景の変化を並べてみた。少しずつではあるが、確実に変化してきていることがわかる。こうした変化をわたしたちがマネジメントできるならば、街路風景は徐々に整序されてゆくはずだ。そのためには通りのあるべき姿に対する幅広い共通認識が必要である。

1〜5瀬戸川沿い（1）
一五八六年に城下町が建設された時、武家地と町人地の境となった瀬戸川。都市の南北軸でもある。右手に壱之町の背後の蔵が並んでいるのが見える。都心を南北に流れる瀬戸川沿いの明治末から現在までの移り変わり。

っていけばいいのでしょうか。
ソフトな制度や人心の変化に関してはひとまず措くとして、都市の構成要素である建物や街路もゆっくりではありますが、変化していくことは変わりありません。これらの変化を同じ方向に導くことができるならば、都市は確実にいい方向に向けて変化することになります。

たとえば、本章の写真で紹介している飛騨古川のここ三〇年間の移り変わりを見てください。ひとつひとつの変化はわずかなものですが、確実に変化してきているのがわかります。

飛騨古川には「そうばくずし」という地元の言葉があります。「そうば」というのは相場のこと、つまり地域のスタンダードのことです。それを「くずす」ようなことはしてはいけない、という意味です。全体でせっかく出来上がっているスタンダードをかってに自分だけの事情で壊すことはよくない、というような意味ですが、たんに空気を読むといったことではなく、これまで積み上げられてきた相場を尊重する、という気持ちが込められています。

通りの景観に関しても「そうばくずし」の感覚は生きています。

個々の建物や公共事業が「そうばくずし」を避けることによって、徐々に景観が整序されていき、美しい町並みが実現しているのです。要

6〜10瀬戸川沿い（2）
やや異なった角度から瀬戸川沿いの三〇年の変化を見る。

13 1995.05

11 1987.04

14 2011.10

12 1990.10

15 2017.07

弁天堂

18 2003.11

16 1986.09

19 2011.10

17 1990.10

20 2017.07

諦は、地元のみんなが「そうば」として共有している価値観があるか、ということです。さらに言うと、「そうば」を意識するようなコミュニティが機能しているか、ということになります。飛騨古川にはたしかにそうした意識があると思います。

では、なぜ古川はそういう共通認識を持つことが可能だったのでしょうか。わたしの推測ですが、おそらくは、「古川祭」の存在が大きいように思います。古川祭は毎年四月一九日から二〇日にかけて行われる気多若宮神社の例大祭ですが、おとなりの飛騨高山の高山祭と同様、国の重要無形文化財に指定されています。二〇一六年にはユネスコの無形文化遺産のひとつとしても登録されました。

古川祭を毎年担っているのは、地元の屋台組の人々です。まつりのための準備を当然のことのように毎年行っていく中で、地域コミュニティというものの実体をまさしく体で感じ取ることによって、「そうば」の感覚が共有されてきているのだと思います。だから元気なまつりのある都市は、ほとんど例外なくまちづくりも元気なのです。

こうした「そうば」の存在を窮屈だと感じる人もいないわけではないでしょう。「そうば」の存在を制約だと考えるか、あるいは居心地のいい安心できるものだと考えるかは、その人の生き方の問題です。おそらく、

11〜15弁天堂
かつて宮川からの瀬戸川への取水口があった。小空間にはのちに水の神、弁才天をまつるお堂が建てられた。近年道路は石だたみからアスファルト舗装に戻された。まつりの山車がいたむからだといわれている。

飛騨古川の人々にとってはまつりの達成感や、仲間たちから元気をもらうことのほうが、実感がより大きいのではないでしょうか。だからこそ長い年月を経ても、まつりも「そうば」の感覚も、生活の中に生き続けているのだと思います。

「そうばくずし」の感覚が生きている間は、飛騨古川のまちの変化もいい方向に進むことと思います。良い変化を生むための仕掛けを注意深く用意するとは、飛騨古川の例で言うと、「そうばくずし」の感覚が共有され続けるような仕組みを維持し続けるということになります。古川祭の役割はその意味でも大きいのです。変化に備えるためには、こうした問題意識をあらかじめ持っておくことが必要です。

——ではそれはどうすれば、問題意識をあらかじめ持っておくことが可能なのでしょうか。

ひとつ確実に言えることは、過去から学ぶ、ということです。都市では大胆な実験はできないのですから、過去において行われたことは貴重な情報源です。

もうひとつ言えることは、他都市から学ぶ、ということです。

実験ができないという都市の制約からみても、他都市の事例というのは場所を変えて実験をしてくれているようなものです。他都市を見るこ

16〜20山車蔵
弁天堂の近く。三番叟台の山車蔵とその隣には地蔵堂が見える。各建物のほか、道路の舗装や宮川の護岸など、それぞれ別の主体が工夫をしながら景観の整備に寄与していることがわかる。山車蔵は屋台組が、地蔵堂は檀家が、道路は町（のち市）が、護岸は県が整えた。堤に植えられた桜は市民からの寄付を募ったもの。

23 2003.07

21 1995.05

24 2014.04

22 2002.06

25 2017.07

古川駅前

28 2003.11

26 1986.09

29 2005.02

27 1995.05

今宮橋

30 2017.07

とによって、わがまちを客観的に相対化することも可能となります。

また、都市のインフラは公共が建設するものですから、明確な都市政策が確立されている必要がありますが、これは比喩的に言うと行政が飛騨古川流の「そうばくずし」の感覚を持っているということを意味しています。

ただし、都市空間を構成している大半のものは、個々の民間建築物です。これらの建築物が建て替わる際に、ある一定の方向に沿って建て替えられるならば、都市空間が与える印象は変わりえます。こうした一定の方向への建築誘導は、公的なルールやガイドラインで可能ですが、そのためには世論の後押しが不可欠です。ここで世論というものは、古川で言う「そうば」にあたるものです。

変化を一定の方向に誘導できるならば、都市は確実にいい方向に変化していくことになります。ゆっくりですが、確かに一定の方向に都市を変化させることは可能なのです。

当然ながら、このようなことを実践するためには地域社会の理解が欠かせません。街路景観が自分たちにとって重要なものだという共通認識があって初めて、自らに制約を課すはずの規制が地域に受け入れられることになります。こうして都市景観の変化が「意図」を持つことになる

21〜25古川駅前
JR高山本線の飛騨古川駅の前。駅前広場の整備が進められるとともに、駅周辺に建つ建物も徐々に変化してきている。

のです。
したがって肝要なのは、地域が街路景観に関与するという仕掛けを都市の中に埋め込むことです。こうした関与が社会のインフラとなることが必要なのです。そうした変化を生み出していくために、社会に関与し続けることが必要です。そのためには周到な準備が必要です。「変化に備える」ということはそれを意味しています。
飛騨古川の「そうば」はここまでの射程距離を持った言葉のように思います。昔の人は簡潔な表現で深遠なことを表現しているのですね。

26〜30今宮橋
宮川の支流、荒城川にかかる今宮橋。奥に真宗寺が見える。橋の架け替えや寺の山門の建て替え、鐘楼の移築などによって次第に形成されてきた現在の景観。

＊＊＊

この段階ではすでに都市から学ぶことと都市に関与するまちづくりとの境目は不明確になっています。
前段でも述べたように、緩やかにしか変化しない都市を都市生活者のもとに取り返すためには、変化の方向を誘導するしかないのですが、地域社会の理解がない限り、規制的な手段は受容されません。そうした受容を可能にするのは、唯一まちづくりの力なのです。
都市生活者にとって、緩やかにしか変化しない都市とその景観を、ど

31 大横町（1986.09）

32 同上（1995.05）

33 同上（2003.07）

34 同上（2014.04）

35 殿町（1986.09）

36 同上（1987.04）（古川祭の時）

37 同上（2011.10）

38 同上（2017.07）

43 霞橋（1986.09）

39 匠文化館横（1986.09）

44 同上（1995.05）

40 同上（1995.05）

45 同上（2003.07）

41 同上（2003.11）

46 同上（2017.07）

42 同上（2017.07）

うすれば自分のものと感じてもらえるのでしょうか。おそらくは第5章で述べた、キーパーソンとなる「魅力的な人」の役割が大きいと思います。魅力的な人とは、将来ビジョンを持った創造的な思考ができる人のことです。そのビジョンが人を引き付けるのです。

短期的な収支で動くのではなく、長期的な見通しの中で動くことのできる人が魅力的な人なのです。個々人による短期的な部分最適解ではなく、全体の長期的な最適解を見通すことのできる目を持った人だということもできます。

もともと「住む」ということ自体、こうした全体の長期的な最適解を追究する行為のはずでした。土地を商品化したり、住むことを短期的に考えるようになってくると、長期的な視点が危うくなってきます。地域コミュニティに立脚しない視点で行動するようになるからです。

まちづくりとは、元来、長期にわたって住み続けるまちがあることが前提としてありました。長期でものを見ることによって、ゆっくりとしか変化しない都市に対しても、前向きの姿勢を取ることができるのです。この前提を再確認するところから、現代のまちづくりは再出発しないといけないのかもしれません。

31〜34大横町
古川町を南北に縦断する商店街。一九〇四年の大火のあとに造成された。

35〜38殿町
城下町時代の武家地に由来する町名。一六一五年の一国一城令によって武士は高山へ移り、のちに農地となる。その後町場となった。

39〜42匠文化館横
左手は昭和のはじめに町役場があったところ。のちに広場となっていた。この地に匠文化館が計画され、一九八九年にオープン。これによって街路空間がひきしまった。

43〜46霞橋
宮川の支川、荒城川にかかる霞橋とその周辺。左手に見えるのは本光寺。円光寺、真宗寺とならび、飛騨古川の冬の風物詩「三寺まいり」の舞台となる。

都市から学んだこと

その9

過去からの付託に応える

わたしたちは過去から付託を受け、
将来の都市生活者への責任の中で生きている。

アーケード

1 仙台市一番町商店街（2015.04）

2 東京都杉並区阿佐谷パールセンター商店街（2013.03）

3 静岡県熱海市仲見世通り商店街（2014.05）

これは明らかに前章で述べたことの続きです。

都市を長期で見守り続けるという姿勢があってはじめて、都市との前向きな接点を持つことができるということは、言い方を変えると、都市生活者として、過去から未来に渡る長い時間の流れの中で現在の自分たちの姿を見ることができる、あるいは見なければならないということでもあります。

都市は現時点でそこに住んでいる生活者だけのものではありません。都市に住む者は、その都市を過去から引き継ぎ、あやまたずに未来に引き渡す責務があります。流動性が高くなった現代の大都市においては実感できにくいことかもしれませんが、たとえその地に住むことが一時期のものであったとしても、過去と未来に対して負う現在の責任は変わりません。

つまり、過去・現在・未来という長い時間軸の中にわたしたちの都市生活や、そもそもの都市のあり方を置いてみて、わたしたちの態度を決めるという考え方を再確認する必要があるのです。

――このように書くといかにも大げさですが、これはものごとを必要以上に重大に考えるということではなく、生き方の問題として見たときに、刹那主義ではなく、自分の生き方に責任を持たなければならない、

アーケードの風景

アーケードは戦後の発明だが、アーケードをかけた商店街の多くは古くからの有力商業地だった。しかし、街道筋や城下町の町人地など、出自によってその風景も異なる。横につながる百貨店を目指して造られたアーケード街には街路を屋内化しようとしてきた日本独自の努力のあとをみることができる。不思議なことにアーケードは西日本に多く残っている。子細に見ると、アーケード街にも道幅や道の曲がり具合、扱う商品やアーケード自体の構造によって、さまざまな個性がある。賑わいの残るアーケード街を見てみよう。

1仙台市一番町商店街（15・04）
城下町時代の武家地、東一番丁の通り。南北路。南を見る。仙台七夕まつりの際には中央通りとともにメインの舞台となる。

2東京都杉並区阿佐谷パールセンター商店街（13・03）
JR阿佐ヶ谷駅南口からすぐのところに

ということを意味しています。

都市が書物であるという第2章での主張を思い出してもらうことにも意味があると思います。過去からの蓄積が書物の中に表現され、わたしたち自身も読者でもあり、筆者のひとりともなり、さらにそれを未来の読者が読み継ぐのです。未来の読者は未来の筆者の列にも加わって、都市という物語を紡ぎ続けることにもなるでしょう。

こう考えると、都市は過去‐現在‐未来というつながりの中に存在していることがまぎれもない事実として浮かび上がってきます。

その際、過去の経緯は未来のよりどころになるという意味で、「過去は未来のためにある」ということができます。わたしがかかわってきた歴史的環境保全の運動などは、まさにその最たるものです。未来のためにこそ、過去を大切にしなければならないのです。

同時に、過去の中にその後の都市の展開の萌芽が仕込まれている、あるいは胚胎しているということも言えると思います。過去の認識から完全に自由になることは不可能なのですから、「未来は過去の中にある」ということもできるのです。過去から学んだわたしたち自身が、そのことによっていたずらな過ちを避け、次の世代を教育し、間違いのない未来へと受け渡すべき方向を伝えることができるのです。

あるパールセンター商店街。入り口近くから南を見る。戦時中の建物疎開のあとにできた南北路の中杉通りと同時期に並行して建設された商店街。かつての歩行者中心の道だった頃の面影をとどめ、狭く屈曲している。

3静岡県熱海市仲見世通り商店街（14・05）JR熱海駅前から南西に延びるアーケード街。駅方向を見る。駅から来ると下り坂であるが、こちら側から見るとまっすぐな上り坂となっている。隣接する平和通りのアーケード街がゆるやかに湾曲しているのと好対照。

4 那覇市むつみ橋通り商店街（2016.08）

5 大阪市中央区心斎橋筋（2011.01）

6 広島市本通商店街（2010.12）

とすると、都市生活者としてのわたしたちは、過去の都市生活者からバトンを受け継ぎ、将来の都市生活者へそのバトンを受け渡すという責任を持って、現代を生きるということになります。

そうした歴史のつながりを実感しつつ、現代を生きるということが、現代のわたしたちには求められているのです。人生を終え、死にゆくことも、こうした流れの中にあるわけですから、それほど特別なことだとは考えずに済むのではないでしょうか。わたしたちと同じ想いを持った次世代の人たちが生き続けていてくれるのですから。こうしたことを思念するある種の楽観主義というものも、人生には必要のような気がします。

前章で紹介した「古川祭」の例をもう一度採り上げましょう。

祭礼はいずれもそうなのですが、まつりを催行している当事者たちは、もちろん、まつりの「いま」を担っているわけですが、同時に、過去から引き継がれてきた伝統も伝えています。

まつりには若い世代のメンバーもお囃子や獅子舞、子供神輿など、いろんな形でまつりに参加しています。それも当日だけではなく、お囃子の練習などのようにときには数か月に及ぶ稽古を重ねてきているのです。これは将来のまつりの主要な担い手を引き継ぐための見事な仕組みだと

4那覇市むつみ橋通り商店街（15・08）
平和通りの南側には自然発生的なアーケード街が迷路のようにつながっている。写真はそのひとつ、むつみ橋通りの南北路、北を見る。戦後にガーブ川にふたをかけて造られた商店街。通りの名称は国際通りがガーブ川を渡る橋の名前から付けられた。

5大阪市中央区心斎橋筋（11・01）
大阪では東西路を通りと称し、南北路を筋という。町の番地は通りに沿ってつけられている。心斎橋筋のアーケード街は、御堂筋に並行する延長一・五㎞。写真は南船場三丁目あたり、北を見る。

6広島市本通商店街（10・12）
近世の西国街道がそのまま近代的な商店街となった。広島都心部を横断する東西路。写真は鯉城通りの東側、広島電鉄の本通駅近く。東を見る。

いうこともできます。

まつりをおこなうというひとつの行為の中に、過去から付託を受け、現在を生き、さらに未来に託すということが同居しているのです。飛騨古川のひとたちは、古川祭に参加するということを通して、こうした時代の流れの中に生きている自分を体感し、おそらく将来への責任も芽生えさせているのでしょう。

このように、わたしたちはよりおおきな存在の流れの中で、いまを生きているのです。こうした感覚が、個人主義や刹那主義が横行している現代の、とりわけ大都市において、忘れ去られようとしていることがとても気がかりです。

＊＊＊

いま住んでいる都市は、わたしたちだけのものではありません。むしろ、現代という一瞬のみ、わたしたちに付託されたものなのです。前章で述べたように、まちづくりに求められるのは、近視眼的な現時点での最大利益追求ではなく、長期的視野に立って、総体的な最大幸福の実現を目指すといった将来像を持つことです。

7名古屋市大須観音通（17・04）
大通りが縦横に走る名古屋では珍しいレトロで下町的な雰囲気のアーケード街。大須観音の参道でもある。東西路。東を見る。多様な文化を許容する新しいまちとして近年見事に再生した。

8金沢市近江町市場（13・04）
生鮮食料品を中心とした古くからの市場。二〇〇九年に一部が再開発されたが、路面の市場の雰囲気は残された。写真は、再開発ビルと周辺のアーケードとの境界部分。近年は観光地化が進みつつある。

7 名古屋市大須観音通（2017.04）

8 金沢市近江町市場（2013.04）

11 奈良市東向商店街（2015.03）

9 京都市上京区出町枡形商店街（2011.05）

12 神戸市元町通商店街（2012.12）

10 堺市堺東商店街（2012.09）

そのためには、都市の「コモンズ」をもう一度新たな視点から再評価することが必要だと思います。

都市の「コモンズ」とは、もともと言葉通りに共有地のことを指していたのですが、のちに意味が拡大され、都市生活者に共有される社会的なインフラ一般を指す言葉として定着してきました。長期的な目で都市を見ると、まさしく都市はコモンズによって主要な部分が成り立っていることがわかります。

一方、コモンズは、共有ということの性格上、誰のものでもあって、誰のものでもないという相反する面を持っていることも事実です。そこからいわゆる「コモンズの悲劇」と呼ばれる問題が発生することになります。

コモンズの悲劇とは、共有地に羊を放牧をしていた構成員が、自らの利益を最大化しようとして放牧する羊の数を増やしたとしたら、個々の構成員にとっては利益が増加するかもしれませんが、それを多くの構成員が追従すると、過放牧となり、全体の利益が減少してしまうということを指した言葉です。コモンズでは個々の利益最大化と全体の利益の最大化が相反してしまうという悲劇が起きるのです。

このことを都市空間に当てはめてみると、どうでしょうか。個々人の

9 京都市上京区出町枡形商店街（11・05）
京都北東部、鯖街道の終点のアーケード街。出町柳駅近く。路上に生鮮食品や日用雑貨が張り出し、店の賑わいがあふれている。東西路、西を見る。

10 堺市堺東商店街（12・09）
南海電車堺東駅前から西にまっすぐ延びる堺東商店街のアーケード。東西路、西を見る。日用品や飲食店が軒を連ねる。

11 奈良市東向商店街（15・03）
興福寺の境内との堺を南北に通るアーケード街。南を見る。かつては西側にだけ町家が立ち並んでいたことから、名付けられた通り。

12 神戸市元町通商店街（12・12）
かつての西国街道。そのせいか自然にゆるやかなカーブを描いている。延長一・二㎞、東西路のアーケード街である。写真は元町五丁目、南西を見る。一八七四年に三ノ宮駅が現元町駅のあたりに造られたことから急速に発展した。

利益を最大化するような高密度の開発や巨大な看板に、多くのメンバーが追従すると、全体として過大開発が誘発され、交通の混雑や居住環境の劣化、景観の悪化が助長されるなどの弊害をもたらす結果となるといった悲劇を招くわけです。

こうした事態を引き起こさないためには、コモンズをなくして、それぞれの自己責任のもとに都市経営をやってもらうということがひとつの選択肢ですが、これではコモンズそのものを失ってしまうことになります。コモンズを保ったままで全体利益を保護しようとすると、ルールを厳格化するか、もしくは監視を強化するかしなければならないことになります。いずれにしてもこの時、重要なのはコモンズの将来に関して各人が共通の認識を持つことです。

これを都市全体について言うと、本章に掲げたように、都市を過去・現在・未来という長期の視点で見ることが意識の上での社会的インフラ、すなわちコモンズそのものであるということになります。言葉を変えて言うと、都市を、たんに稼ぐ場と見なすのではなく、長期にわたって居住する場として見るということです。

このことこそ、まちづくりの出発点ではないでしょうか。

ただ、問題なのは、まちづくりの出発点として長期にわたって居住す

13松山市大街道商店街（10・09）
かつては武家地と町人地との境、のちに松山の中心的な商店街となる。幅一五mの広い南北路、南を見る。この先、アーケードは右折して湊町の銀天街へと続き、伊予鉄道の松山市駅へと至る。L字型のアーケードは旧市街の東南のエッジだった。

14熊本市下通（しもとおり）商店街（13・12）
かつての武家地が一八七七年の西南戦争からの復興過程で、商業地となったもの。現在では一五m幅の大規模アーケード街となっている。北東を見る。北側の上通（かみとおり）とならび、歩行者のメインストリートとなっている。

13 松山市大街道商店街（2010.09）

14 熊本市下通商店街（2013.12）

17 福岡市博多区川端通商店会（2010.06）

18 鹿児島市天文館本通商店街（2012.10）

15 岡山市表町商店街（2013.09）

16 高松市丸亀町商店街（2013.02）

る場としての居場所そのものが、一方では売り買いされる土地として商品化されるという側面を持っていることです。同一の都市生活者にとってもスイートホームは居住の場であると同時に将来売り買いされうる不動産という資産でもあるわけです。

——この二面性をどう乗り越えていけばいいのでしょうか。

この章のタイトルとなっているように、それぞれの都市生活者が、自分たちは「過去から付託を受け、将来の都市生活者への責任の中で生きている」というふうに思えるような環境を、みんなでいかに造っていけるかにかかっているように思います。

15岡山市表町商店街（13・09）
岡山城下町を南北に通る山陽道。表町八カ町からなる長いアーケードの商店街となる。写真は中之街商店街、南を見る。

16高松市丸亀町商店街（13・02）
高松は総延長が二・七㎞と日本一の長さを誇るアーケードのまち。写真は丸亀町の中心部、高さ三二mのクリスタルドーム近く。かつて、このあたりに高札場があり、常磐橋がかかっていた。

17福岡市博多区川端通商店会（10・06）
北西から南東へアーケードが続く。北端のアーケード街入り口から南東を見たところ。南端には祇園山笠が奉納される櫛田神社がある。

18鹿児島市天文館本通商店街（12・10）
天文館は鹿児島を代表する繁華街全体の地域の呼称。本通は市電天文館通の北側の通り。入り口から北を見る。電停の南側には天文館通が南へ向かう。周辺にアーケード街が縦横にひろがっている。

都市から学んだこと

その10

想像力と共感力を持て

都市を理解するためには都市生活の理解が不可欠である。
都市生活を理解するためには想像力と共感力が不可欠である。

路地

1 新潟県村上市寺町（2016.10）

2 富山県南砺市城端（2016.10）

3 京都市東山区石塀小路（2018.05）

4 長野県須坂市浮世小路（2012.11）

最後に、都市と向き合ってきたプランナー／デザイナーとしてのわたし自身の実感からのひとことです。

都市の専門家として対象の都市と向かい合う時、多く出会ったコメントは「住んでもいないのにこのまちのことが分かるのか」「そんなに評価するのなら、自分が住めばいいではないか」という厳しいものでした。特に若いころにはそのようなコメントをもらうことが多かったように思います。

たしかに気が重くなる一言です。実際、少なくとも一年を通して住まないと実感できないことがあるのも事実です。

わたしはかつて岩手県の県北の集落を広く調査して回ったことがあります。その際、地元の人が異口同音に、長い冬を経て、遅い五月の春に、木々が一斉に芽吹くときの、春が来たことへの何とも言われぬ沸き立つ想いをわたしに語ってくれたことがありました。微妙なバリエーションの淡い緑の芽の色が屏風のように目の前に展開する様は、春を待ち焦がれている地元の人々にとっては表現できないほどの歓びだったのでしょう。こうした感情は、おそらくは長く厳しい冬を経験しないことには心底からは感得できないものであることは、たしかに理解できます。わたしには想像するしかないのですから。

路地の風景

街路の中でもひとがあるくことを中心に造られてきた路地の空間の集成。細い道はクルマに占領されていないヒューマンスケールの感じられる空間として、古くからの歴史を持っている。こうした細い道の空間も沿道のコミュニティの存在抜きに語ることはできない。

都市の顔ともいうべき大通りが自動車の論理を中心に造られてきたのと比較して、細い道は昔から地形や周りの建物と一体となって、個性的な風景を生み出してきた。人ひとりが通るだけの細街路から、もう少し人通りのある小径まで、それぞれがこれほどの多様な意匠を繰り広げている。それぞれ独自の生長を遂げてきた都市空間は、お互いが異なっていることに意味があり、理由があるということを雄弁に物語っている。

すべての人生を生きることができないのは当然の事実です。しかし、そこでとどまっていては何も生まれません。他者の人生を生きることはできないにしても、せめて親身になって想像することはできるのではないでしょうか。もちろんそのためには、こちら側にも豊かな生活体験というものが必要でしょう。他者の生活を自前の想像力で補完し、実感することこそが、出発点になるのではないでしょうか。

また、ある時、県立のリハビリテーション施設の改築の相談を受けた際、その施設の近くに鉄道が通っていたのですが、鉄道が見える部屋の人気が高いことを知りました。施設に入所している方は、一日に数本しか通らない鉄道列車を待ちわびて、列車が通り過ぎていくのを見届けることで、心がしばし満たされるというのです。

想像してみてください。リハビリ施設の窓越しに長いこと待ちながら、時刻通り走り来て、走り去っていく遠くの列車を眺めている人の姿を。有り余る時間の中で、小さな目標を見つけ、数少ない列車を待っているのです。列車が通り過ぎるのは一瞬かもしれませんが、満たされた気持ちをあとに残してくれる時間ではないでしょうか。そしてそれは、世の中には定時に列車を走らせることに努力している人がいるということを実感する時間でもあります。そのことを、少なくともベッドの上で見て

1新潟県村上市寺町（16・10）
小町から寺町へ抜ける安善小路と呼ばれる裏道。寺院や料亭の塀が市民運動によって黒塀に直され、通りの景観が引きしまってきた。

2富山県南砺市城端（16・10）
城端の市街地を南北に縦断する国道三〇四号線からすぐ西に入る横丁の入り口。城端でもっとも狭い路地と言われる。右手に和菓子屋ののれんがかかっている。

3京都市東山区石塀小路（18・05）
石畳はかつて市電の敷石だったもの。大正時代に貸家経営のための住宅開発がなされた。一九九五年に産寧坂重要伝統的建造物群保存地区の一部に編入された。

4長野県須坂市浮世小路（12・11）
上中町の交差点から東へはいる小路。浮世橋が架かり、花街があったことから浮世小路と呼ばれる。東を見る。

5 大阪市北区曾根崎（2018.04）

6 大分県豊後高田市新町通り商店街（2009.08）

7 甲府市オリオンイースト（2016.02）

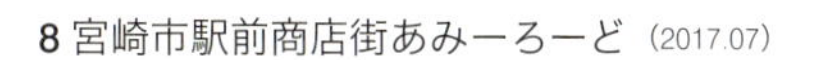

8 宮崎市駅前商店街あみーろーど（2017.07）

いるその人はわかってあげているのです。こうして毎日が過ぎていくのです。
　時刻通り過ぎてゆくあたり前の列車に限りない親しみを感じて、規則通りで変化の少ない生活のなかのひとつの小さな楽しい日課をこなすこと——そのことで時間をうまくやり過ごし、ちょっぴりですが生きる元気をもらっているのだと思います。だから、線路の見える窓際は人気があるのです。リハビリ中の人にとって大切な場所なのです。
　こうした実感を、わたしたちは想像力と共感力をはばたかせて追体験することは可能なはずです。日々のちいさな出来事に心を寄せ、そこに自分が生きていることのささやかな喜びを見出すこと、それはプランナー／デザイナーにとって大切な感性ではないでしょうか。
　想像力が限界を超える可能性を与えてくれるのです。地域に生きるよろこびやかなしみを共感を持って理解するためには、プランナー／デザイナーの側に地域に寄り添う想像力が必要なのです。
　もうひとつ、例をあげましょう。
　わたしは列車で旅をするときに、車窓を眺めていると飽きないのですが、とりわけ夜汽車に乗って、人家の少ない田舎を走っているときに見かける建物の灯りが点々とともっている様を見ると、そこにどんな家庭

5大阪市北区曾根崎（18・04）
お初天神通りのアーケード街から東へ入る。最近整備が進んだ行き止まりの路地。夜になると小路がオープンカフェとなる。

6大分県豊後高田市新町通り商店街（09・08）
路地と言うにはやや広いが昭和の町として有名になった豊後高田のレトロな商店街。一店一宝運動などのまちづくりの成果が町並みに反映している。

7甲府市オリオンイースト（16・02）
オリオン通りのアーケード街の東側に並行する短い南北の路地。北から見る。おしゃれな裏路地として人気が高まっている。

8宮崎市駅前商店街あみーろーど（17・07）
JR宮崎駅前から西の繁華街に向かう古くからの通り、広島通り。東西路、東を見る。アーケードを撤去し、二〇〇九年に現在の姿になった。

があり、どんなよろこびがあり、どんなかなしみがあるのか想像してしまいます。そうするとなぜか厳粛な気持ちになります。ひとつひとつの灯りのもとには、まったく違った家庭の物語があり、生活のよろこびやかなしみがあるのです。同時にそれらの灯りは平野や谷間にひとつひとつ平等に点在しながら広がっている、そして、それらすべてを暗い宵闇が包んでいるのです。

異なった日常に寄り添いながら、そこでのよろこびやかなしみを実感する感覚を持つためには、異なった人生を生きる真摯な想像力を持つことが必須です。ひとはひとつの人生しか生きることはできませんが、想像力の力を借りて、他者の人生のある面を実感することは可能なはずです。こうした柔軟な能力を持つものだけが、地域を十全に理解する可能性を持っているのです。

ただし、想像力といっても、鍛錬が必要です。各地の生活を目の当たりにして、経験することも欠かせません。自分が堂々とした日常を送っていないとしたら、他者とつながることも難しいでしょう。ひとりの人間として他者を思いやる気持ちがなければなりません。地域や生活の背景となる地誌や歴史、生活文化などの基礎知識ももちろん必要です。

外部の専門家としてかかわっている以上、どの地域にとってもわたし

9 東京都文京区西片（2017.02）

10 東京都台東区谷中（2010.06）

13 神戸市北区有馬温泉（2013.10）

11 京都市左京区西翁院周辺（1986.03）

14 広島県福山市鞆の浦（2016.09）

12 新潟県佐渡市宿根木（2009.08）

の立場はよそものでしかありませんが、よそものにはよそものだから言えることもあるのではないかと思います。地元のしがらみから自由で、かつ他地域との比較も客観的にできる、さらには地元に入った際の第一印象というものは、地元の方からは得られないものでもあります。
なかでも、もっとも大切なのは地域の生活に共感する力、「共感力」とでもいうべきものだと感じています。どの地域も住んでいる人にとってはかけがえのないところなのです。地域に寄り添うというこちら側の姿勢がまずは前提なのです。
都市生活に範囲を限っても、言えることは同じです。他者とは永遠に分かり合えないところがあるのは事実ですが、少なくとも他者に寄り添って理解しようとする姿勢があれば、たんに「よそものがやってきて自分勝手な意見を言う」だけだとは言われないと思います。
説得力というものも、たんに科学的なデータや情報だけでなく、こうした話者の姿勢によるところも大きいように感じます。

＊＊＊

こうして都市からわたしが学んだ10の要点を列挙してみると、10番目

9 東京都文京区西片（17・02）
かつての福山藩主阿部氏の江戸中屋敷が明治になって当主阿部家によって宅地開発されたところ。現在も閑静な住宅地となっている。

10 東京都台東区谷中（10・06）
谷中霊園の西に隣接する住宅地。かつての初音町二丁目。近世より寺地と町人地の境だったところ。写真**9**の西片とはわずか一kmほどの距離にある。

11 京都市左京区西翁院周辺（86・03）
お茶席、澱看席（よどみのせき）で有名な西翁院に至る路地。石畳坂の路地。北を見る。左右は金戒明光寺の別の塔頭の塀。閉じられたアプローチ。

12 新潟県佐渡市宿根木（09・08）
北前船の寄港地として栄えた佐渡島南西端にほど近い湊町。平地が限られていたため細い路地と高密度の宅地の集落が形成された。一九九一年に重要伝統的建造物群保存地区に選定された。

の想像力と共感力の項目まで来て、そこから再び最初の都市空間の尊重へと帰るように感じます。想像力と共感力をもって過去に住んだ人の想いをふりかえることによって、現在の都市空間の大切さがより深く理解できるからです。だからこそ、次の世代に受け渡すことも大切な使命となるのです。

とどのつまり、言いたいのは都市の問題ではなく、都市を生きるわたしたちの生き方の問題なのです。

こうしてわたしが学んだ10の要点は循環していきます。ただし同じところをぐるぐる回っているわけではなく、そのベクトルは次第に都市生活者の将来の方に向かうことになります。

インターネットやスマホなどの新しい科学技術が生活のあり方を根底から変革してしまうようなことをわたしたち自身、ここ二、三〇年の間に経験してきました。これから先もこうした大変化は起き続けるでしょう。さらに加速度を増して変化していくかもしれません。その時、都市は生活者にとってどんな役割を果しえるのか、ここでも想像力を駆使する必要がありそうです。

ただし、科学技術のおかげでどんなに生活が便利になり、人間関係のあり方が変わろうとも、変わらぬものもあるはずです。一年に四季があ

13 神戸市北区有馬温泉（13・10）
日本書紀に記載がある古代から続く温泉場。昔からの都心部では、傾斜地に温泉旅館や商店が密集している。外湯、金の湯そばの坂道から東を見る。

14 広島県福山市鞆の浦（16・09）
瀬戸内海の拠点だった鞆のシンボルである常夜灯に向かう細い路地。西を見る。正面に見えるのは、保命酒屋の杉玉、さかばやし。左折すると海に出る。奥にも路地が続いているのが見える。

15 熊本市並木坂（13・12）
都心の上通のアーケード街を北へ通り抜けた先の通りを並木坂という。傾斜を感じないほどのゆるやかな坂。公募による命名。通りの途中から南を見る。遠くに見えるのが上通のアーケード。

15 熊本市並木坂（2013.12）

18 愛知県豊田市足助町（2010.03）

16 金沢市東山ひがし茶屋街一番丁（2010.10）

19 倉敷市本町（2013.09）

17 新潟市中央区東新道通（2016.04）

るように、世の中には普遍的なものがあるのです。

いかに仮想空間が発達したとしても、人間には実際に生活する都市空間が必要だということも、そうした普遍的なことのひとつです。人間の体の寸法は今後ともそうおおきくは変わらないでしょうから、人と都市空間との関係もそれほど変わらないはずです。だとすると、都市空間との付き合いもずっと変わらず続くことになります。都市空間への想いの蓄積も続いていくでしょう。

こうしてわたしはまだまだ学び続ける必要があると感じています。同時に、そのことがわたしの生きがいであり、都市に対する貢献でもあると感じています。

同じように、人と人とがつながると一＋一が二以上になりえるということも普遍的な真理だと思います。だから仲間が必要なのです。どこかの都市で、これからの都市生活を想像／創造する現場で、仲間として、お互いお目にかかれる日があればと思います。

16金沢市東山ひがし茶屋街一番丁（10・10）
よく知られた二番丁の茶屋街の通りの一本南を東西に走る路地、一番丁。東を見る。一帯は二〇〇一年に重要伝統的建造物群保存地区に選定された。

17新潟市中央区東新道通（16・04）
東堀通と古町通の間にある南北路、東新道。通称、鍋茶屋通り。北を見る。九番町のこのあたりにも古町花街の風情が残っている。

18愛知県豊田市足助町（10・03）
中馬街道の宿場町足助は塩の積みかえ地として栄えた。マンリン書店の横の坂道。マンリン小路と呼ばれる。二〇一一年に重要伝統的建造物群保存地区に選定された。

19倉敷市本町（13・09）
本町通りから倉敷川の方へ曲がる細い路地、南を見る。奥に倉敷川端のみどりが見えている。

おわりに

これまでわたしは数多くの本を書いたり、編集してきたりしましたが、「まちづくりの若い仲間たちへ」といった具体的な読者を心に描いてものを書いたのは初めてです。どうしてそのようなことを行うに至ったのか——直接のきっかけは二〇一八年三月の東大での最終講義にあります。その講義において、わたしは自分が都市から学んだことを次の世代に伝えたい、と考えました。自分のことを語るのは苦手なのですが、そう思ったのです。

研究生活をはじめた最初のころ、ほかの多くの研究者の卵と同様、わたしも自分のやっていることに自信がもてませんでした。自分にとって大切だと思えることがじっさい世の中にとってほんとうに大切なことなのかどうか、半信半疑でした。経験が少ない若者の考えですので、自信が持てないのもやむを得なかったと、今では思えます。

それがさまざまな都市に赴き、まちづくりのリーダーたちの話をうかがい、都市空間と格闘していく中で、いつしか疑心は確信に変わっていったのです。振り返ってみると、都市そのものがいろいろなことをわたしに教えてくれたのだと思います。
それらの基本姿勢を次の世代に引き渡すことは、わたしたちの世代の責務だと考えるようになりました。それがこの本を生む原動力となったのです。こんどはわたしがさらに若い世代の仲間に、都市から学んだことを受け渡したいと思います。
本書にも述べたように、わたしの学びがどれだけの普遍性を持つのかはおおいに疑問の残るところです。ただ、個別事例から普遍に至ることができる、というのはわたしが都市から学んだことのひとつですので、そのことを実践してみたいと思います。
この本をわたしは目の前の相手に語るように書きました。したがって表現がやや冗長になっているかもしれません。語り継ぐことを実践したいという想いからこうした表現の形式をとったのです。これもわたしの新しい試みのひとつです。
さらにもうひとつ、本書で初めて試みたことに、数多くの写真を、それもほぼ全編カラーで掲載するということがあります。「はじめに」でも述べたように、都市空間の魅力は文字では語りつくせないものです。一枚の写真が何よりも雄弁にその魅力を語ってくれるからです。

そこで、学芸出版社の前田裕資さんに無理を言って、写真を文字と同じくらいの分量で、並列するように掲載してもらうことができました。写真はいずれも私自身が撮影したもので、どれも想い出深いものばかりです。現場を歩くということが、なによりもまず重要だということを、これらの写真が物語ってくれています。

このように魅力的な空間を、この国においても都市生活者たちは造り出してきたのです。それは比喩的に表現するならば、都市がみずからの「構想力」によって紡ぎだしてきた都市空間なのだとも言えます。わたしたち自身も、都市に生活する者として、都市の「構想力」によってつき動かされて来たと言えるのかもしれません。日本の都市もまだまだ捨てたものではないと思いませんか。

＊

わたし自身がどのように都市と向き合っていけばいいのか模索している若い研究者だったころから30年以上の時が経過し、わたしを導いてくれた先達たちの多くはすでに鬼籍に入っています。本書でも登場ねがった小樽の峯山冨美さんをはじめとして、函館の田尻聡子さん、角館の高橋雄七さん、喜多方の先代の佐藤弥右衛門さん、足助の田口金八さん、琴平の位野木峯夫さん、柳川の広松伝さん、竹富島の上勢戸芳徳さんなど、いま思い返すだけでも声が聞こえてきそうな人たちです。このほか、朝日新聞の石川忠臣さん、環境文化研究所の宮丸吉衛さん、朝日新聞から千葉大に行かれた木原啓吉先生、京都大学の西山夘三先生、東京大学の稲垣栄三先生、恩師の大谷幸夫先生、そして横浜市から東大に移って同僚だった北澤猛先生、九州芸術工科大学の宮本雅明先生など、十指に余る方々のお名前が浮かびます。

残念なことにこの物故者リストの中に、二〇一八年九月、学芸出版社の京極迪宏さんが加わってしまいました。京極さんにこの本のゲラをお見せすることができないのは、本当に残念です。この小書をこれらの方々に捧げることをお許し願いたいと思います。

本書が、まちづくりを目指す若い仲間たちに受け入れられることを切に望みながら、筆を措きたいと思います。

二〇一九年二月　西村幸夫

◆著作リスト

❑単著書

[1]『歴史を生かしたまちづくり —英国シビック・デザイン運動より』古今書院，1993.8，170p.
[2]『アメリカの歴史的環境保全』J-JEC ブックレット 実教出版，1994.6，63p.
[3]『シビック・トラスト—英国の環境デザイン』駸々堂，1995.6，365p.
[4]『町並みまちづくり物語』古今書院，1997.2，248p.（『故郷魅力俱樂部』王惠君訳，繁体字版 1997，329p.『同』簡体字版，2007，306p.）
[5]『環境保全と景観創造』鹿島出版会，1997.9，329p.
[6]『西村幸夫 都市論ノート』鹿島出版会，2000.7，195p.
[7]『都市保全計画』東大出版会，2004.9，1048p.
[8]『西村幸夫 風景論ノート』鹿島出版会，2008.3，287p.
[9]『西村幸夫 文化・観光論ノート—歴史まちづくり・景観整備』鹿島出版会，2018.2，239p.
[10]『まちを想う　西村幸夫対談・講演集』鹿島出版会，2018.2，258p.
[11]『県都物語—47 都心空間の近代をあるく』有斐閣，2018.3，347p.

❑編著書

[1]『都市の風景計画—欧米の景観コントロール 手法と実際』学芸出版社，2000.2，198p.（『同』韓国語版，2003，240p.『同』張松他 訳，簡体字版，2005，170p.）
[2]『都市工学講座　都市を保全する』鹿島出版会，2003.5，193p.
[3]『日本の風景計画—都市の景観コントロール 到達点と将来展望』学芸出版社，2003.6，198p.（『同』韓国語版，2006.）
[4]『まちづくり教科書第 2 巻　町並み保全型まちづくり』日本建築学会 編，丸善，2004.3，115p.
[5]『岩波講座　都市の再生を考える第 7 巻　公共空間としての都市』岩波書店，2005.2，235p.
[6]『岩波講座　都市の再生を考える第 6 巻　都市のシステムと経営』岩波書店，2005.5，231p.
[7]『景観法と景観まちづくり』日本建築学会 編，学芸出版社，2005.5，206p.
[8]『都市美—都市景観施策の源流とその思想』学芸出版社，2005.5，255p.（『同』韓国語版，2012.）
[9]『地域再生の環境学』（共編）　東京大学出版会，2006.5，323p.
[10]『路地からのまちづくり』学芸出版社，2006.12，271p.
[11]『まちづくり学 アイディアから実現までのプロセス』朝倉書店，2007.4，119p.
[12]『証言・町並み保存』（共編）　学芸出版社，2007.9，222p.
[13]『私たちの世界遺産① 持続可能な美しい地域づくり—世界遺産フォーラム in 高野山』（共編）公人の友社，2007.11，212p.
[14]『私たちの世界遺産② 地域価値の普遍性とは—世界遺産フォーラム in 福山』（共編）公人の友社，2008.10，159p.

[15]『観光まちづくり　まち自慢からはじまる地域マネジメント』学芸出版社，2009.2，287p.

[16]『私たちの世界遺産③ 世界遺産登録・最新事情―長崎・南アルプス』（共編）公人の友社，2010.2，154p.

[17]『まちづくりを学ぶ―地域再生の見取り図』（共編）有斐閣，2010.9，269p.

[18]『私たちの世界遺産④ 新しい世界遺産の登場―南アルプス［自然遺産］・九州 / 山口［近代化遺産］』（共編）公人の友社，2011.1，188p.

[19]『まちの見方・調べ方―地域づくりのための調査法入門』（共編）朝倉書店，2011.10，148p.

[20]『証言・まちづくり』（共編）学芸出版社，2011.8，260p.

[21]『別冊 BIOCITY 富士山，世界遺産へ』（共編）（株）ブックエンド，2012.2，144p.

[22]『風景の思想』（共編）学芸出版社，2012.6，222p.

[23]『古墳の煌めき―百舌鳥・古市古墳群を世界遺産に』（共編）（株）ブックエンド，2013.2，158p.

[24]『日本の城・再発見―彦根城，松本城，犬山城を世界遺産に』（共編）（株）ブックエンド，2014.3.1，66p.

[25]『甦る鉱山都市の記憶―佐渡金山を世界遺産に』（共編）（株）ブックエンド，2014.10，144p.

[26]『図説　都市空間の構想力』（東京大学都市デザイン研究室編）学芸出版社，2015.9，163p.

[27]『日本固有の防災遺産　立山砂防の防災システムを世界遺産に』（共編）（株）ブックエンド，2015.11，157p.

[28]『歴史文化遺産　日本の町並み』（上巻）（共編）山川出版社，2016.1，354p.

[29]『歴史文化遺産　日本の町並み』（下巻）（共編）山川出版社，2016.3，328p.

[30]『世界遺産　熊野古道と紀伊山地の霊場』（共編）（株）ブックエンド，2016.12，157p.

[31]『都市経営時代のアーバンデザイン』学芸出版社，2017.2，222p.

[32]『商売は地域とともに―神田・百年企業の足跡―』（編集代表）東京堂書店，2017.5，222p.

[33]『世界文化遺産の思想』（共編）東京大学出版会，2017.8，297p.

[34]『まちを読み解く』（共編）朝倉書店，2017.10，160p.

[35]『回遊型巡礼の道　四国遍路を世界遺産に』（共編）（株）ブックエンド，2017.11，174p.

❑編書

[1]『ヴィジュアル版建築入門 10　建築と都市』彰国社，2003.4，227p.

❑共著書

[1]『歴史的町並み事典』西山夘三 監修，（財）観光資源保護財団 編，柏書房，1981.11，232p.

[2]『まちづくり―その知恵と手法』倉沢進 編，ぎょうせい，1981.10（加除式）

[3]『都市づくり用語辞典』アーバン・ルネッサンス社，1987.12

[4]『都市にとって土地とは何か』大谷幸夫 編，筑摩書房，1988.11，273p.

[5]『アメニティを考える』AMR 編，未来社，1989.1，360p.

[6]『日本の人と環境とのつながり』（『自然との共鳴・第 2 巻』黒坂三和子 編）思索社，1989.9，556p.

[7] "*The Historical environment and Housing Conditions in the 36 Old Streets Quarter of Hanoi*", HSD Research Report No. 23, Asian Institute of Technology, Bangkok, 1990.2, 75p.
[8]『NHK 美の回廊をゆく—東南アジア至宝の旅第 2 巻』日本放送出版協会，1991.3，141p.
[9]『まちづくりとシビック・トラスト』AMR 編，ぎょうせい，1991.7，420p.
[10]『生活科授業研究』教員養成基礎教養研究会他 編，教育出版，1992.2，224p.
[11] "*URBAN DESIGN REPORT A City in Step with Humanity - World Urban Design 1992*"（和文・英文），ヨコハマ都市デザインフォーラム 編，1992.3，196p.
[12]『環境教育実践ハンドブック』環境教育推進研究会 編，第一法規出版，1992.8，449p.
[13]『建築保存の新しい姿を求めて』（社）日本建築学会建築歴史・意匠委員会 編，1992.8，33p.
[14]『生涯学習としての環境教育』沼田眞 監修，佐島群巳・小澤紀美子 編，国土社，1992.11，224p.
[15]『学校と環境教育』大来佐武郎・松前達郎 監修，大田尭 責任編集，東海大学出版会，1993.7，242p.
[16]『新たなる都市空間』平本一雄 編，ぎょうせい，1993.8，516p.
[17]『アーバンデザインの現代的展望』渡辺定夫 編著，鹿島出版会，1993.11，239p.
[18]『今井町の町並み』渡辺定夫 編著，同朋舎，1993.2，226p.
[19] "*Contemporary Studies in Urban Planning and Environmental Management in Japan*"，東京大学都市工学科 編，鹿島出版会，1994.3，280p.
[20]『飛騨古川の町意匠』INAX BOOKLET，INAX 1995.3，84p.
[21]『都市の歴史とまちづくり』大河直躬 編，学芸出版社，1995.3，251p.
[22]『第二版建築用語辞典』建築用語辞典編集委員会 編，技報堂出版，1995.4，1240p.
[23] "*Nara Conference on Authenticity*", UNESCO/ICCROM/ICOMOS, 1995，427p.
[24]『地域づくり読本』ぎょうせい，1996.5，240p.
[25]『アジア・知の再発見』クバプロ，1996.8，181p.
[26]『環境教育指導事典』国土社，1996.9，333p.
[27]『シリーズ地域の活力と魅力 6　ほこり』ぎょうせい，1996.10，420p.
[28]『環境経済・制作研究のフロンティア』環境経済・政策学会 編，東洋経済新報社，1996.10，244p.
[29] "*Monuments and Sites JAPAN*", ICOMOS, 1996.10, 176p.
[30] "*Monuments and Sites in Asia and Oceania*", ICOMOS, 1996.10, 222p.
[31]『歴史のまちのみちづくり　- 歴史的地区におけるまちづくりの理論と実践』歴みち研究会 編著，（社）日本交通計画協会，1996.11，165p.
[32] "*Master Plan for the Preservation of the Historic Area of Pagan (Phase I)*"（Draft），UNESCO FIT/536/MYA/70 Technical Report #FMR/CLT/CH/96/227 (FIT), 134p.
[33]『建築学がわかる』AERA Mook no. 27，1997.9，朝日新聞社，175p.
[34] "*Democratic Design in the Pacific Rim - Japan, Taiwan, and the United States*", Ridge Times Press, 1999, 288p.
[35]『新・町並み新時代—まちづくりへの提案』全国町並み保存連盟 編 学芸出版社，1999.10，208p.

[36]『循環型社会の先進空間—新しい日本を示唆する中山間地域』総合研究開発機構他 編，農産漁村 文化協会，2000.6，306p.

[37]『東南・東アジアの水—建築・都市の水利用環境と文化』日本建築学会，2000.6，216p.

[38]『アメニティと歴史・文化遺産』環境経済・政策学会 編 東洋経済新報社，2000.9，239p.

[39]『都市計画の挑戦』学芸出版社，2000.11，271p.

[40] "*Heritage at Risk : ICOMOS World Report 2000*", ICOMOS, 2000.11

[41] "*Planning for a Better Urban Living Environment in Asia*", Anthony Gar-On Yeh and Mee Kam Ng eds. Ashgate, Aldershot, 2000, 384p.

[42]『建築設計資料集成　総合編』日本建築学会 編，丸善，2001.6，670p.

[43]『地球時代の自治体環境政策』ぎょうせい，2002.1，275p.

[44]『新たな観光まちづくりの挑戦』ぎょうせい，2002.7，273p.

[45]『岩波講座　環境経済・政策学第２巻　環境と開発』岩波書店，2002.10，250p.

[46]『現在社会学への誘い』朝日新聞社，2003.3，381p.

[47]『建築設計資料集成　地域・都市Ⅰ－プロジェクト編』日本建築学会 編，丸善，2003.9，224p.

[48]『都市観光でまちづくり』学芸出版社，2003.10，230p.

[49]『グラウンドスケープ宣言』丸善，2004.5，223p.

[50]『地球環境デザインと継承—シリーズ地球環境建築・専門編 1』彰国社，2004.7，362p.

[51]『新しい自治体の設計第３巻　持続可能な地域社会のデザイン』有斐閣，2004.8，259p.

[52]『アエラムック　新版建築学がわかる』朝日新聞社，2004.10，176p.

[53]『住まいの事典』朝倉書店，2004.11，610p.

[54]『「都市問題」公開講座ブックレット（5）景観法はまちの魅力を引き出せるか』東京市政調査会，2005.11，69p.

[55]『リーディングス環境第３生活と運動』有斐閣，2005.11，356p.

[56]『まちづくり学講義集第３巻 環境と文化のまちづくり』松山大学，2006.3

[57]『思索香港』（中国語）次文化堂出版，2006.6，237p.

[58]『環境経済・政策学の基礎知識』有斐閣，2006.7，446p.

[59]『アーバンストックの持続再生—東京大学講義ノート』技法堂出版，2007.11，332p.

[60] "*Cultural Heritage in the 21st Century - Opportunities and Challenges*", International Cultural Centre, Cracow, Poland, 2007.11，326p.

[61]『世界の SSD　都市持続再生のツボ』彰国社，2007.12，504p.

[62] "*Stock Management for Sustainable Urban Regeneration*", Springer, 2008.12, 299p.

[63]『東大教師が新入生にすすめる本 2』文藝春秋新書，2009.3，318p.

[64]『不動産事業のスキームとファイナンス（2）　激動！不動産』清文社，2009.6，585p.

[65]『火の見櫓—地域を見つめる安全遺産』鹿島出版会，2010.7，175p.

[66]『都市計画—根底から見なおし新たな挑戦へ』学芸出版社，2011.2，262p.

[67] "*Lumbini Birthplace of Buddha*", UNESCO, 2013, 242p.

[68] "*Sacred Garden of Lumbini -Perceptions of Buddha's birthplace*", UNESCO, 2013, 201p.

[69]『わが国の近代建築の保存と再生』武庫川女子大学建築学科・建築学専攻 監修，武庫川女子大学出版部，2014，146p.
[70]『一度はあるきたい！　日本の町並み』（インタビュー）伝統的町並み研究会編著，洋泉社，2015.10，175p.
[71] "*Planning for Sustainable Cities - Urban challenges, policy responses and research Agenda*", Pengjun Zhao ed. The Centre for Urban and Transport Planning, Peking University and Steele Roberts (Wellington), 2015.
[72]『地域と連携する大学教育の挑戦』大西正志他 編著，ぺりかん社，2016.3，351p.
[73]『TOMIOKA 世界遺産会議ブックレット 7　世界文化遺産とまちづくり』上毛新聞社事業局出版部，2016.3，88p.
[74]『自治体と観光』（「都市問題」公開講座ブックレット 36），後藤・安田記念東京都市研究所，2016.6，72p.
[75]『ブレイクスルーへの思考―東大先端研が実践する発想のマネジメント』東京大学先端科学技術研究センター＋神崎亮平 編，東京大学出版会，2016.12，260p.
[76]『景観計画の実践―事例から見た効果的な運用のポイント』（インタビュー）日本建築学会 編，森北出版株式会社，2017.3，202p.
[77]『都市の遺産とまちづくり―アジア大都市の歴史保全』鈴木伸治 編，春風社，2017.8，194p.
[78]『幸せな名建築たち―すむ人・支える人に学ぶ 42 のつきあい方』（インタビュー）日本建築学会 編，丸善出版，2018.7，182p.
[79]『ニッポン幸福戦略』（インタビュー），桜雪（仮面女子），光文社，2018.9，230p.

❑訳書

[1] スメート・ジュムサイ著『水の神ナーガ』鹿島出版会，1992.2，245p.
[2] アラン・ジェイコブス著『サンフランシスコ都市計画局長の闘い』（共訳）学芸出版社，1998.4，352p.

❑監修書

[1] フィリップ・ギブス 著，西村幸夫 監修，泉田英雄 訳『マレー人の住まい』オックスフォード大学出版局版イメージ・オブ・アジア叢書，学芸出版社，1993.4，142p.
[2] ジャック・デュマルセ 著，西村幸夫 監修，佐藤浩司 訳『東南アジアの住まい』オックスフォード大学出版局版イメージ・オブ・アジア叢書，学芸出版社，1993.4，111p.
[3] マイケル・スミシーズ 著，西村幸夫 監修，渡辺誠介 訳『バンコクの歩み』オックスフォード大学出版局版イメージ・オブ・アジア叢書，学芸出版社，1993.5，125p.
[4] リチャード・テイラー・フェル 著，西村幸夫 監修，安藤徹哉 訳『古地図にみる東南アジア』オックスフォード大学出版局版イメージ・オブ・アジア叢書，学芸出版社，1993.5，158p.
[5] セザール・ギーエン・ヌーニェス 著，西村幸夫 監修，西山宗雄・泉田英雄 訳『マカオの歩み』オックスフォード大学出版局版イメージ・オブ・アジア叢書，学芸出版社，1993.7，126p.

[6] ジャック・デュマルセ 著，西村幸夫 監修，藤木良明 訳『ボロブドール』オックスフォード大学出版局版イメージ・オブ・アジア叢書，学芸出版社，1996.3，128p.

[7] ラモン・マリア・サラゴーサ 著，西村幸夫 監修，城所哲夫・木田健一 訳『マニラ 都市の歴史』オックスフォード大学出版局版イメージ・オブ・アジア叢書，学芸出版社，1996.3，128p.

[8] サリーナ・ヘイズ・ホイト 著，西村幸夫 監修，栗林久美子・山内奈美子 訳『ペナン 都市の歴史』オックスフォード大学出版局版イメージ・オブ・アジア叢書，学芸出版社，1996.3，144p.

[9] ロナルド・ゲーリー・ナップ 著，西村幸夫 監修，菅野博貢 訳『中国の住まい』オックスフォード大学出版局版イメージ・オブ・アジア叢書，学芸出版社，1996.3，112p.

[10] マヤ・ジャヤパール 著，西村幸夫 監修，木下光 訳『シンガポール 都市の歴史』オックスフォード大学出版局版イメージ・オブ・アジア叢書，学芸出版社，1996.3，143p.

[11] 西村幸夫 監修，三沢博昭 写真『日本の町並みI 近畿・東海・北陸』別冊太陽 平凡社，2003.3，168p.

[12] 西村幸夫 監修，三沢博昭 写真『日本の町並みII 中国・四国・九州・沖縄』別冊太陽 平凡社，2003.9，171p

[13] 西村幸夫 監修，三沢博昭 写真『日本の町並みIII 関東・甲信越・東北・北海道』別冊太陽 平凡社，2004.2，175p.

[14] 西村幸夫 監修，渡辺一夫 文『世界に誇る日本の世界遺産 1　知床・白神山地・平泉』ポプラ社，2014.4，48p.

[15] 西村幸夫 監修，吉田忠正 文『世界に誇る日本の世界遺産 2　日光・小笠原諸島・白川郷五箇山』ポプラ社，2014.4，48p.

[16] 西村幸夫 監修，渡辺一夫 文『世界に誇る日本の世界遺産 3　富士山・紀伊山地』ポプラ社，2014.4，48p.

[17] 西村幸夫 監修，青木滋一 文『世界に誇る日本の世界遺産 4　法隆寺・古都奈良』ポプラ社，2014.4，48p.

[18] 西村幸夫 監修，青木滋一 文『世界に誇る日本の世界遺産 5　古都京都』ポプラ社，2014.4，48p.

[19] 西村幸夫 監修，吉田忠正 文『世界に誇る日本の世界遺産 6　姫路城・厳島神社・原爆ドーム・石見銀山』ポプラ社，2014.4，48p.

[20] 西村幸夫 監修，吉田忠正 文『世界に誇る日本の世界遺産 7　屋久島・琉球王国』ポプラ社，2014.4，48p

[21] 西村幸夫 監修，吉田忠正 文『世界に誇る日本の世界遺産 8　富岡製糸場・明治日本の産業革命遺産』ポプラ社，2016.4，48p.

[22] 西村幸夫 監修，国分健史・吉田忠正 文『世界に誇る日本の世界遺産 9　ル・コルビュジエの建築作品・宗像・沖ノ島・潜伏キリシタン関連遺産』ポプラ社，2019.4，41p.（予定）

西村幸夫（にしむら ゆきお）

神戸芸術工科大学教授、東京大学名誉教授。
1952年、福岡市生まれ。東京大学工学部都市工学科卒、同大学院修了。明治大学助手、東京大学助教授を経て、1996年より2018年まで東京大学教授。2018年より現職。専門は、都市計画、都市保全計画、都市景観計画など。
おもな著書に『県都物語』（有斐閣、2018年）、『西村幸夫 文化・観光論ノート』（鹿島出版会、2018 年）、『まちを想う』（同）、『都市保全計画』（東京大学出版会、2004年）、『環境保全と景観創造』（鹿島出版会、1997 年）など。おもな編著書に『まちを読み解く』（朝倉書店、2017 年）、『都市経営時代のアーバンデザイン』（学芸出版社、2017 年）、『証言・まちづくり』（同、2011年）、『証言・町並み保存』（同、2007年）、『日本の風景計画』（同、2003年）、『都市の風景計画』（同、2000年）などがある。

都市から学んだ10のこと
まちづくりの若き仲間たちへ

2019年4月1日　第1版第1刷発行

著　者　西村幸夫
発行者　前田裕資
発行所　株式会社 学芸出版社
京都市下京区木津屋橋通西洞院東入
電話 075－343－0811　〒600－8216
http://www.gakugei-pub.jp/
info@gakugei-pub.jp
装　丁　上野かおる
印刷・製本　シナノパブリッシングプレス

ISBN 978－4－7615－2703－7